U0594612

成功之路丛书

CHENGGONG ZHILU
CONGSHU

成为人生的赢家

本书编写组◎编

世界图书出版公司

广州·北京·上海·西安

图书在版编目（CIP）数据

成为人生的赢家/《成为人生的赢家》编写组编．—广州：广东世界图书出版公司，2009.11（2024.2重印）

ISBN 978 - 7 - 5100 - 1253 - 2

Ⅰ．成… Ⅱ．成… Ⅲ．成功心理学－青少年读物 Ⅳ. B848.4 - 49

中国版本图书馆 CIP 数据核字（2009）第 204836 号

书　　名	成为人生的赢家 CHENGWEI RENSHENG DE YINGJIA
编　　者	《成为人生的赢家》编写组
责任编辑	韩海霞
装帧设计	三棵树设计工作组
出版发行	世界图书出版有限公司　世界图书出版广东有限公司
地　　址	广州市海珠区新港西路大江冲 25 号
邮　　编	510300
电　　话	020-84452179
网．址	http://www.gdst.com.cn
邮　　箱	wpc_gdst@163.com
经　　销	新华书店
印　　刷	唐山富达印务有限公司
开　　本	787mm×1092mm　1/16
印　　张	10
字　　数	120 千字
版　　次	2009 年 11 月第 1 版　2024 年 2 月第 12 次印刷
国际书号	ISBN　978-7-5100-1253-2
定　　价	48.00 元

版权所有　翻印必究

（如有印装错误，请与出版社联系）

序

获得成功——肯定自我

大卫·史华兹博士的成功哲学通行世界25年，全世界的千百万人因此受到巨大鼓舞而实现了梦想，提升了生活品质。他的书曾被认为是"有史以来最鼓舞人心的书"之一。

史华兹博士结合他的长期观察和与人交往经验，在深入探讨"成功的背后究竟是什么"的结果上归纳出一个共通的现象而发展出一套成功哲学：一个人的存款数额的大小、快乐程度的大小，以及获得的满足程度的大小，跟他的理想程度的大小成正比。

史华兹著作的内容相当广泛，但更多的是为我们提供有用的想法而不是空洞的誓言。他详细地设计了一个人生计划——个人的成功、美满的婚姻、和谐的家庭生活及拥有较高的社会地位。他证实了你不必天生就是一个智者或凭借与生俱来的天赋去获得成功和满足，但你确实可以通过学习采取新的思考方式和行事方式去到达你想要去的地方。

你的成功跟你的个人心像有关，而不是其他的任何问题，这正是史华兹那句著名的话——"你怎样想，你的世界就怎样"——所要阐述的道理。外在的任何问题都不应成为你成功道路上的障碍，成功的契机永远都只掌握在你自己的手里。你必须掌握你的命运指针，操纵你的人生方向，只有当你拟订了你的未来发展方向的时候，你才可能变成具有生产力的人，你才可以真正依赖你自己的抉择。

史华兹博士还提到，有许多人，可能还是大多数人，对这个成功之道半信半疑，那是因为他们不相信成功是由合理的思想所致的缘故。你必须摒弃这种思想，因为你不是一般人，当你提升你的思考能力的时候，你就可以像你自我心像中期待的那样过活。

几乎每个人都听过"信心的力量可以移山"之类的处世哲学，但是一般人都对这项伟大的智慧充满了轻蔑之心，而往往陷入世俗的"信心是不管用的"消极论调之中。真正有思考能力的人都会控制本身的思考活动，而不让他人的思考来控制他。

你永远不要向命运低头，不要让悲观失望的情绪来左右你的一切，你也不要屈从于各种阻力，更不要认为你只能浑浑噩噩地度过一生。谁都没有资格说你不配，你的自我否认也无助于这个世界。压抑自己好让周围的人没有压力，这其中并无任何道理。我们生来就要发光发热，我们生来就要发挥生命赋予我们的荣耀，这不是某些人才有的荣幸，每个人都有，就在我们放出自己光辉的同时，我们无意间也会让别人绽放光芒。

你要时刻相信你存在的目的就是要获得成功，你要相信：这世界之所以有我，是因为它需要更美好。因此，你还要乐观地享受人生，只有这样你才不会枉度一生，你才会了解人生的可贵、刺激与价值。你要期待每一个新鲜的日子，以及每一件迎面而来的事情，不管它是好是坏，你都要把它看成你宝贵的人生经历，因此要热情地接受。

不论什么情况，你遇见的都是你一直期盼的事物，处处向好的一面想，你要相信：所有的事情总会凑在一起，并向好的一面开花结果。

别等着你的精神来推动你，你要积极地推动你的精神去做事。你的成就与你的自我心像成正比，成功的契机永远都掌握在你自己手里。

种种成功的方法，都是一些简单观念的灵活运用，只要你能真正领悟这些方法，你便可以达到个人的兴隆，过上你想要过的生活，并得到你想要的一切美好的事物。

人生在世间，本来非常清楚哪条路适合自己，但利益、名誉、权力、地位的诱惑，往往使他站在人生的十字路口徘徊。往哪里走？利益很多之路？誉满天下之路？地位崇高之路？睿智的人永远只走自己的路，而不让别人的路影响自己。这正如许多人喜欢用掷硬币的方式决定自己的选择一样，当硬币飞上天空的一瞬间，他往往在心里已经有了倾向和选择。

幸福操纵在自己手中，一旦脱离自我，步入歧路，结果只会走上绝望之途。我们不可能在他人身上找到自我，我们既不为他人而活，也不能利用他人做自我的任何肯定。我们不能照着他人的意旨行事，因为别人的要求未必是合适的。我们所依赖的还应是自己，这是很简单的道理，但有时却是人类挣扎与痛苦的导因。

史华兹博士反复强调：人生只有一次，只有你自己可以决定你的人生旅程是完美还是平庸。

没有人可以控制这个社会和未来，但我们每个人却可以把握自己的命运、自己的生活和自己想要的幸福。

你可以用主动积极的态度去面对自己的命运，正视自己的生活，找出生活中的缺失并加以修正和改进，从而更加奋发向上。如此经过一段时日，命运自然会为你铺设愉快而明晰的生之旅途。

记住，成功总是这样的过程：摒除外在的羁绊，越向内在的历练，从而肯定自我。

编　者

目　录

成为人生的赢家

目录

第一章　具备成功的信念是第一要素

> 人们登上高地之后，才会享受到成功地攀登上崖壁的快乐。而这一攀登的过程是需要依靠信念来支撑的。
>
> ——罗曼·罗兰
>
> 坚定的信念是成功的先决条件。不要因传说而迷失了自己。能成为自己的好舵手的人，终会登上成功的彼岸。

纪伯伦曾说过："所谓信念，就是行为根据的一种思想，它往往在无形中时刻支配着人类的行为。"

你的一生都在服从信念的安排。信念会让你痛苦也会带给你快乐，信念能让你成功也能让你失败。信念到底是什么呢？

信念是一种对自身或对他人，对客观世界或主观世界的看法和定义。这种看法和定义是你内心的最初声音，你的行为和想法都受信念的控制。

奥地利的精神分析学派创始人弗洛伊德认为，人生来就有"希望引人瞩目"的欲望，这是人类的一种本能，也是人类与生俱来的一种信念。渴望"引人瞩目"，其内蕴即"渴望成功"。

人们对成功的渴望与生俱来——因为成功是获得赞美与尊重最有效的途径。人的心理的基本动力、决定个

人命运和社会发展的永恒力量以及人类本质中最深远的驱策力就是"希望有重要性"的信念的存在。信念的力量可以创造奇迹。对成功的渴望能够使人生生不息、奋斗不止。

人为成功而来，也为成功而活。绝大多数人能坚韧不拔地走完人生历程，就是因为"渴望成功"的信念始终存在。把它称做使命也好，责任也好，任务也好，总有期盼和牵挂，总有要完成的欲求。

人人都向往成功，人人都追求成功。成功是一种信念，成功也是一种过程。只要你抱定成功的信念，你也一定会成功！

信念的力量如此巨大，足可创造一个新世界，也能毁掉你的一生。

信念可以是你最有力的武器，也可以是你最大的敌人。这取决于你把

你的信念押在积极还是消极的一面。当你的信念积极，即你相信自己必然成功时，信念的力量会帮助你克服一切困难；但当你的信念消极，即你认为自己永远是个失败者时，你即使拥有天生的智慧和机遇，也会被失败的信念抵消得一干二净。

你可以使你的信念纯净和坚强起来，为成功而迈进。

坚定的信念是成功的先决条件

日本江户时代的著名人物上杉鹰山曾说过："一心想要成功，就一定会成功。那些无法成功的人，乃是因为他们缺乏成功者所应具备的信念。"

所以，当你立下一个计划时，只要抱着"不达目的，绝不罢休"的信念，那么你就可以充满自信地说：天下无难事了。

史华兹博士的朋友有一次在同他聊到"信念"这一问题时，给他讲述了一件事，这件事确切地解释了"事在人为"的道理。

"上个月，"朋友开始说，"我们的机构发了通知给好几家工程公司，告知我们将挑选几家公司来设计 8 座桥梁。这是我们整个高速公路建筑计划的一部分，所有桥梁的总工程造价为 500 万美元。被选中的公司将能获得总价的 4%，亦即 20 万美元，作为这些桥梁的设计费用。

我与 21 家工程公司谈到这件事情。其中最大的 4 家当场就决定要提出他们的建议书，其余的 17 家公司都是一些小公司，仅有 3 到 7 名工程师。这项专案计划的规模太大，吓走了 17 家公司中的 16 家。那些被吓走的公司都是在看到专案计划以后，马上摇头说：'这个专案计划对我们来说太过庞大。我们能相信自己处理的能力，但就我们公司的状况和实力来说，即使是试试看，也不会有什么结果的。'"

"唯有一家只有 3 位工程师的小公司很特别，在仔细研究过该计划以后，他们说：'我们能做到，我们会提出一份建议书的。'他们果然做到了，并且也争取到了这项工作合同。"

那些相信他们能移动山岳的人总会成就某些事情，而那些相信他们不能的人就没有办法做到——是信心激发了成功的动力。

按照现代的理论，可以用"信念的魔力"来解释，这也说明了人类意志力的重要，不能做到，通常只是因为没有下定决心。假若能把握这种思想，那么个人的能力也将因此无可限量，成功与否仅在一念之间。

有些人一遇到挫折，就轻言放弃，认为那是自己的能力无法办到的，殊不知这完全是自己潜在的心理作用。倘若仔细观察，将会发现所谓的不能，只是搪塞的借口。须知，历史上的伟大人物之所以能成功，并非是他们都选择了平坦的道路，而是他们有将崎岖不平的道路化为坦途的毅力。

当要做一件事情时，抱着姑且一试的心理去做，和以志在必得的决心去实行，必定会有两种相反的结果，因为实行的动机与魄力不同，其成果也自然迥异了。

坚定的信念是成功的先决条件，不要因传说而迷失了自己。你要时时牢记：这世上其实并没有什么事能难倒你，只有你能难倒你自己。

能成为自己的好舵手的人，终会走上成功的彼岸。

自信是跋涉者行进的动力

自信是帆，搏击在人生大海的惊涛骇浪中的水手，要顺利驶抵大洋彼岸，只有升起自信的风帆，才能在汹涌的大海中，推开自卑的浪头。自信是火种，为成就事业而奋勇拼搏的勇士，要高擎自信的火种前进，一旦失去了自信的火种，人生的追求火炬永远不会被点燃。自信是事业成功的助推器，是比金钱、权势更有力的东西，它是人生最可靠的资本。要迈开双脚踏进智慧的殿堂，就不能用自卑的绳索束缚住自己的手脚。

50多年前，美国洛杉矶有一位年仅15岁的少年，名叫约翰·科达尔。他雄心勃勃，充满自信和活力。他为自己制定了一个一生中要实现总数达127个愿望的计划，其中有勘察尼罗河、刚果河；登上珠穆朗玛峰；游览马可·波罗和亚历山大大帝到过的地方；创作一部音乐作品；写一本书；甚至还要登上月球；等等。科达尔把这些愿望都编上号，写在一张纸上，以便逐一实现。21岁那年，他已到过21个国家旅行。刚满22岁，他在危地马拉的原始森林中发现了一座玛雅神庙。26岁那年，他历经艰险，完成了对尼罗河溯源的探险。他曾在南美洲的原始部落中生活过；登上过土耳其阿拉拉特山和非洲第一高峰乞力马扎罗峰；曾开过两倍于音速的飞机；写过一本关于尼罗河探险的书……游览中国长城是他的第49号愿望，登上月球是他的第125号愿望。如今，科达尔已年过花甲，总共实现了106个愿望。当有人当面谈起他那个著名的计划时，科达尔会微笑着告诉他，人对自己要充满信心，不能有自卑感。他制定这个计划，是为了使自己总有奋斗目标。他看到周围有些人从不敢试试自己的能力，结果一事无成。因此，他下定决心，绝不走这条路。

人世间多少在事业上做出卓越贡献的人，向人们反复展示了这样一个真理：自信是成功的基石。成功之路就是崎岖之路，在这条艰难曲折的道路上，自信是跋涉者行进的动力。多少事实也从反面向人们反复证明：自卑是心灵的自杀，它像一个被水浸湿过的花炮，永远也不能点燃成功飞腾的七彩礼花。

一个人要做好任何工作的前提是要有自信心。坚定的自信是一束阳光，

它会照亮人的奋斗之路。许许多多伟大人物最明显的成功标志，就是他们具有坚定的自信心。

自信是建筑在对自己能力的清醒估计上，并且认识到自己的潜在能力，相信今天办不到的事情，通过自己的努力，明天就能办到。很难想象，一个总是妄自菲薄、怀疑自己的能力、把自己看得一文不值的人，能够在事业上有所成就。

不必机械地模仿科达尔，但他的自信心，他锲而不舍的精神，值得世人学习。要永远坚信：世界上没有第二个和我一模一样的人。天生我材必有用。世界之所以有了我，就因为它需要更美好。

信念坚定就是比别人多站起来一次

有自信的人能够实现自己的梦想。所有这些人在出生时都与你一样，他们并没有任何特别之处。他们有天赋，但同样也会遇到问题，陷入困境。

当一个缺乏自信的人犯错误或遭人拒绝时他会怎么做？他会为此沮丧好几天。而一个充满自信的人会勇敢地面对错误，总结经验，并把目光放在明天要做的事情上。他只会向前看。为过去沮丧，能于事有补吗？

自信者能够坦然接受失败，并懂得失败是通往成功的必经之路。只有在经历过失败的淬炼之后，你才会到达成功的彼岸。所有的成功者都曾跌倒过，与失败者不同的是他们能够积极地对待从失败中得来的教训。

康洛德·希尔顿的自传《做我的客人》中曾这样描述他当年落魄的情景：

"我，一个人，四处流浪着。从一个旅馆到另一个旅馆，从一个地方到另一个地方。我尽可能地去借每一笔钱，总是从这儿借1元，再从那儿借1元，却始终不够好运……正在这时，盖尔沃斯顿的穆迪斯正准备取消我对抵押品的赎回权，他们认为我已无望赎回这些东西。我现在的债务已达到30万元。我把希尔顿旅馆押给了他们。几个星期后，他们接管了希尔顿，接管了我妻子和母亲的房子，并控制了我的合伙人的命运……"

这就是康洛德·希尔顿宾馆的创建人当年的情形。可是他现在的情况如何呢？他现在已经成为拥有43万名员工，每年要迎接400万宾客的亿万富翁。

自信者喜欢尝试。为了实现梦想，他们往往要试过许多次，走过许多条路，并坚定地依目标前行，直到达到成功为止。而缺乏自信的人通常只会试一次，一旦失败，就轻言放弃，裹足不前。

数百万的成功者都曾有过这样的经历。只想告诉你，你现在缺乏自信，认为自己不会成功，是因为你只看到了自己的失败之处，并把精力都集中在它们上面。你所错过的就是"即使是充满自信的成功者也有出错的时候"。甚至是既成功又充满自信的人也会有马失前蹄的时候，这是生活中的事实。这是任何人都避免不了的，不论是成功者还是失败者，不论是老人还是年轻人，这种事都会不断地发生，无论你在哪儿，无论你在做什么，也无论你所走过的道路是多么艰难。

成功者与失败者之间的区别就在于成功者能够不断地拼搏直至到达成功的彼岸。当我们看到他们时会说："这对你们当然很容易！"事实不是这样，有些人偶尔获胜，他们靠的是运气。更多的人靠的是不懈的努力来达到最终的目标。自信潜藏在你的能力与自身价值之中，它给予你力量，帮助你在逆境中拼搏。如果你能够正确地认识自信并承认它在你身上所起的作用，那么艰辛也会充满乐趣，艰辛是你为了达成理想，实现自身价值所必须付出的代价。

借强烈的欲望来增强你必胜的信念

成功，第一要有欲望，可是只有欲望是不够的。你一定要让自己的欲望非常强烈，强烈到"一定要"的地步，当这种欲望累积到一定程度时，就会爆发出来，助你成功。

强烈的欲望能使人施展全部的力量。胜利与失败之间的差距并不似人们想象的那么大，仅一步之遥而已。

欲望可以使一个人的力量发挥到极致，可以迫使一个人排除所有障碍，全速前进而无后顾之忧。

凡是能排除所有障碍的人，常常会屡建奇功。

当我们尽力施展一切时，生活就很踏实。如果没有付出最大的努力，我们就会后悔未曾尽全力，那是很可悲的。

许多人认为自己不是有经验的失败者就是无经验的胜利者。由一个人胜利的方式可以看出他个性的大部分，由他失败的方式却可以看出他个性的全部。制胜的意愿、决心与欲望是无需在有经验的失败者与无经验的胜利者之间做出抉择的。我们可以成为胜利者，获胜的经验越多，就越具备胜利者的特征。

当我们全力以赴时，不管结果如何，我们都是赢了。因为全力以赴所带来的个人满足，能使每个人都成为赢家。大部分赛跑者在参加比赛时，都不相信自己会赢，但是每一位跑完全程的人都是胜利者，因为好好做完一件事的真正报酬，就是把它做出来。这是最重要的，你是在跟自己竞争。

没有一件事比尽力而为更能满足你，也只有这时你才会发挥最好的能力。尽力而为给你带来一种特殊的权利，一种自我超越的胜利。一位世界冠军曾说："尽你最大的努力来做这件事，比你做得好还重要。"

许多人命运的转折就在于他能把强烈的欲望化为坚定的决心。

很多人时常把下定决心挂在嘴边，今天说："我决定要这么做了。"明天又说："我又决定那么做了。"后天又说："我还是决定放弃了。"他们都没有把下定决心当做一件严肃的事情。真正的决心是一种强烈的欲望——不成功绝不罢休的欲望，一定要做到成功为止。

到底什么是强烈的欲望呢？美国NBA飞人乔丹在17岁的时候就梦想将来进入NBA球队打球，于是他就做了一个计划：他必须先进入高中球队，然后考上大学之后再进入大学球队，这样才有可能进入NBA球队打球。于是，他就报名参加高中球队。

而教练一开始就告诉他："乔丹，你不能参加球队。"乔丹不解地问："我为什么不能参加球队？"

教练说："因为你太矮了，你只有1.7米。"乔丹说："教练，你不让我参加球队无所谓，你只要让我跟球员们一起练球就行。我不上场比赛，可是我想跟他们练球，我愿意在他们下场时替他们倒水、替他们擦汗、替他们整理球场，我愿意付出一切的努力，只要让我同他们一起练球就可以了。"

于是，教练答应了他。

当乔丹开始参加球队的时候，他除了帮人倒水、擦汗之外，还继续在场上练球，直到天黑别人都回家了，他仍然在练球，甚至三更半夜睡在球场上。历经了3年的时间，一直到高中毕业的时候，乔丹去考大学的球队时终于被录取了。当他去测量身高时，令人惊奇的是，他居然长到了1.98米。

非常不可思议的是，他的父亲竟然说："我们乔丹家族没有一个人超过1.75米的。"乔丹为什么能长到1.98米呢？他的父亲分析说："完全是乔丹强烈的欲望所导致的。"

记住，你的人生从你下定决心的那一刻开始改变，你所做的任何一个决定都可能影响你的人生。有很多人想戒烟、想转行、想突破自我，可是经过了很多年，尝试了很多次，还是不能成功。如果能抱定坚定的决心，并辅以强烈的欲望，他们终会有相当大的转变。

要经常培养自己的强烈欲望，同时不断地自我确认、自我暗示，不断地告诫自己："我是最棒的，我一定会成功。"你的思想和行动将会配合你的想法来帮助你实现目标。

当我们持续培养我们的欲望，使之强烈到拿出积极行动的时候，就可以让我们的行动不断地坚持下去，一直到成功为止。

坚持下去是所有成功者的共同品格

失败者希望花很少的努力就能很

快得到成果。如果遇到困难，进展缓慢，他们不久就厌倦了。他们认为成功曲线应当是笔直上升的，很容易取得进展，不会遇到问题，即刻便能得到满足和报偿。

因此，失败者在尝试某一新事物犯了错误或者陷入困境时，就会心灰意冷，裹足不前。他会这样想："我真希望自己是个完美无缺的人，而不是像这样笨得要命！假如我有好的天资，是个真正聪明的人，一学就懂得怎么去做，不管做什么事情都不会失手。"

失败者认为，一旦他走错一步，一切就全完了，于是很快放弃了努力。他以为如果自己以往所做的不是十全十美，就一定是个失败者。失败者的公式是：

一次失败意味着永远不能成功；

一次失败意味着自己不具备成功所需要的条件。

失败者的这一套信念是很幼稚的。他们认为：成功者都有遗传的特殊天赋，有把事情做得至善至美的诀窍，学什么都很容易；成功者每做一件新的事情都会轻松愉快、易如反掌；成功者一定都是"无师自通的天才"。然而，果真如此吗？

事实上，成功总是经由一连串的失败得来，如果没有高度的意志力，没有坚定的毅力，很难在哪里跌倒就在哪里爬起来。能够坚持到最后的人，成功终会属于他。

鼓励人们用积极思想获取成功的大师是被称为"积极思想之父"的诺曼·文森特·皮尔，他的著作《成功的资本》、《创造人生奇迹》等至今仍被人们视为"通向成功的指路灯"。可是大家可能并不知道他当年的一本好书《人生光明面》写出来时竟然被10多家出版社拒绝，他们认为出版这种书，不会有价值。

诺曼自己，是鼓励人们积极思想的人，然而自己的作品被拒绝出版时，竟然也垂头丧气，回家把稿件丢在垃圾桶里。还好他太太那天晚上倒垃圾时，打开垃圾桶一看，噢！先生的稿件，怎么整堆丢在里面？她就拿起来阅读，竟然读到忘我，忘记要倒垃圾，可见内容之精彩，绝非笔墨所能形容。

他太太就拿这些稿件去问她先生："诺曼，你怎么把这么好的东西，丢在垃圾桶里？"诺曼说："哎呀！傻太啊，好是你讲的，人家出版社的老板说不好，说这个不会畅销，他们不愿意出版。"他太太就告诉他说："诺曼！这本书我看了，内容很棒，对人们帮助很大，可以帮助很多消极的人，让他们的思想变得积极，所以一定要出版，出版的事情交给我来办，你继续写就好了。"后来总算找到一家出版社同意试试看。然而，这本书一经出版就风行全球，直到现在仍大受欢迎，为千百万人开创了成功的人生。

根据对全世界杰出的企业家的调查研究，100万个杰出的企业家里，

· 7 ·

他们竟然平均一生破产 3.75 次，其中最有名的人就是福特，一生破产 6 次，爬起来 6 次。由此可见，人的成功除了自信心之外还要有坚忍的意志力，因为毅力是人生的至宝。

有信心者不会因阻力而退缩。努力改变原来的想法、做法，但"还是没有成功"，因此怀疑自己的能力而停止前进的人很多。成功者知道，成功之果只能慢慢成熟，而且常常要经过许多的失误和挫折。在受到挫折时没有理由灰心丧气、止步不前。相反地，他们从挫折中学到经验，带着坚定的毅力前进，坚持下去，更加努力地朝着目标奋进。

成功者应摒弃半途而废的念头

目标都是一点一点、一步一步地达到的。成功的过程是缓慢的，取得进步需要时间，在为取得成功而奋斗的时候，容许自己经过努力与失败一步一步地前进。

史华兹博士在考察杰出的个人品质以及取得成功的人具有哪些特点的时候，发现"坚持下去"是所有成功者的一种共同的性格。约翰·R·约翰逊就是具备这种"坚持"性格的人。

约翰逊于 1918 年出生在阿肯色州一个贫寒的家庭中。他曾在芝加哥大学和西北大学勤奋读书，由于他刻苦钻研，最后获得了 16 个名誉学位。

约翰逊初入商界是在芝加哥一个由黑人经营的优异人寿保险公司当杂役。现在，他是这个公司集团的董事长，主管好几个庞大的分公司。

1942 年，约翰逊以抵押他母亲的家具得到 500 美元贷款，独自开办了一家出版公司。现在，这个出版公司已经成为美国第二大黑人企业。它起初出版了《黑人文摘》（现名《黑人世界》），又出版了《黑檀》、《滔滔不绝》、《黑人明星》、《少年黑檀》等杂志。1961 年，约翰逊开始经营书籍出版事业。到了 1973 年，他又扩展了业务，买下了芝加哥市的广播电台。

约翰逊谈到他对于苦干成功的观点时，谦逊而诚恳地说："我的母亲最初给了我很大的启发和鼓励。她常常对我说的是：'也许你勤奋地工作而一事无成。但是，如果你不去勤奋地工作，你就肯定不会有成就。所以，如果你想要成功，就得冒这个险！问题总是有办法解决的。要百折不挠，不断地去研究、去想办法。'"

他到芝加哥上中学时，就开始为获得成功而奋斗了："我没有朋友，没有钱，由于穿的是家里自制的衣服而被人讥笑。我说话有很重的南方口音，孩子们常拿我的罗圈腿取笑。所以，我不得不用一种办法在他们面前争口气，而且我只能采取这样一种办法——做一个成绩优异的学生。

"我用功学习，取得很高的分数，还去听如何演讲的课。戴尔·卡内基写的《处世之道》，我看了至少50遍。

"班上的同学除我之外，都不敢高声发言。我读了一本关于演讲的书，按书上说的办法对着镜子反复练习说话。由于我做了一些演讲，同学们选我当了班代表。后来又当了学生会主席、校刊的总编辑和学校年刊的编辑。"

1943年，约翰逊开办一家小型出版公司的时候，发生了一件戏剧性的事情。当时，他想要为扩大发行他办的《黑人文摘》做宣传。

"我决心组织一系列以《假如我是黑人》为题的文章，请白人写文章的时候把自己摆在黑人的地位上，严肃地来看这个问题，考虑假如他处在这种地位上会实实在在地做些什么事情。"

约翰逊回忆说："我觉得请罗斯福总统的夫人埃莉诺来写这样一篇文章是最好不过了，于是便给她写了一封信。"

"罗斯福夫人给我回了信，说她太忙，没有时间写。但是，她没有说她不愿意写。"

"因此，过了一个月之后，我又给她写了一封信。她回信说还是太忙。以后，我每隔一个月就再给她写一封信。她总是说连一分钟空闲的时间都没有。"

由于罗斯福夫人每次都说问题是没有时间，所以约翰逊没有退缩："她没有说不愿意写，所以我推想，如果

我继续写信求她写，总有一天她会有时间的。"

"最后，我在报上看到她在芝加哥发表谈话的消息，就决定再试一次。我打了份电报给她，问她是否愿意趁待在芝加哥的时候为《黑人文摘》写那样一篇文章。"

"她接到我的电报时，正好有一点空余时间，就把她的想法写了出来。"

"这个消息传了出去，反响相当好。直接的结果是，这本杂志的发行量在一个月之内由5万份增加到15万份。这确实是我在事业上的一个转折点。"

约翰逊并不相信速决。"取得成功总得去努力，有时要经过多次失败。人们来到这里，看到我这里相当壮观的场面，都说：'嘿！你真走运。'我就提醒他们，我花了30年漫长艰苦的时间才做到这个地步。我是在那家保险公司的一个小房间里起步的，然后搬到了一所像储煤巷一样的小屋子里。我一件事接一件事地干，最后才到了现在的地步，而不是一开始就是这样。我觉得，每个人应该像一个长跑运动员那样，不断向前，千万不要半途而废。"

成功的旅途并非一帆风顺，成功不可能一蹴而就，在你确定了目标后，你一定要彻底执行，那些爬到半山腰就认为顶峰遥不可及而退缩的人是可悲的。

在尝试一件新事物的时候，要坚

持下去，并记住下面这个取得成功的公式：

失败……再做一些努力。

失败……坚持下去，对自己宽厚些。

失败……继续干，直至成功。

抱着"我一定会成功"的信念前行

人人都想成功，每一个人都想获得一些最美好的事物。可成功的标准是什么呢？

有的人认为"成功就是将来能够买到车子、房子，拥有事业、存款"；有的人认为"成功就是要看你帮助了多少人成功"；还有的人认为"成功就是用心做好每一件小事情"。

为什么每一个人对成功的定义都不一样？到底什么才是真正的成功？

其实成功与目标紧紧相连，每个人的目标不同，他所定义的成功内涵也不一样。

成功在某种程度上是一种自我满足。也就是做自己喜欢做的事，过自己喜欢的生活，并从中获得满足，这就是成功！换句话说，在名利场中获得满足是"成功"，在平淡的生活中获得满足是"成功"，在服务他人的工作上获得满足是"成功"，在专业领域中获得满足也是"成功"！这种"成功"是由自己判定，而不是由别人打分的！

每天世界各地都有年轻人开始一份新的工作，每个人都希望有一天能登上最高阶层，享受随之而来的成功果实。但是他们中的绝大多数人偏偏都不具备成功所必需的信心与决心，因此他们无法达到顶点。也因为他们相信自己达不到，以至于真的找不着登上巅峰的途径，因此，他们的作为也一直停留在一般人的水准。

当他们不能成功时，他们总有一大堆的理由，诸如"我的学历不高"、"我的年龄太大"、"我没有家庭背景"等。实际上，人们所推崇的许多伟大的成功人士在奋斗起点时的条件都与他们相同。

只是他们相信他们总有一天会成功，他们抱着"我就是要登上巅峰"的心态去努力，因而能够凭着坚定的信心达到目标。

能够成为一个大的企业王国的创办人，成为世界史上的"汽车之父"的亨利·福特，他的学历到底有多高呢？其实他只读到小学六年级而已。如果各位认为小学六年级的学历你都没有的话，让我们再来看看"发明大王"爱迪生到底读了多少书。答案是他只读了3个月的书。

肯德基快餐连锁店的创始人桑德士上校创业之时已经60多岁了，美国总统林肯是一位修鞋匠的儿子。

由此可见，成功与学历、年龄、家庭背景并无绝对的联系，成功并不完全依赖于你的先天条件。只要你拥有成功的信念，只要你能努力去追求梦想，只要你相信、相信、再相信，你一定会成功！

成功需要自我肯定

成功不是用自己的力量去打败别人，赢来的成功不是真正的成功。

世界名著《基度山恩仇记》，讲述的是基度山伯爵年轻、英俊、富有，并有一位美丽的未婚妻，却被3个朋友陷害，失去了一切，并被关入了死牢，一个永远没有人能出来的死牢。他恨死了那3个陷害他的朋友，也充满了绝望。

然而在死牢中，他却遇见了同被关在那里的一个牧师，那位老人给了他一张藏宝图，并告诉他逃走的方法。他很兴奋，并发誓一旦能走出死牢，一定要向那3个朋友报仇。

他逃走的前一晚，也是那位老牧师即将死去的那晚，老牧师握着他的手说："孩子，报仇是上帝的事，拿着那些钱去做些好事吧！"

基度山伯爵奇迹般地逃出了死牢，找到了宝藏，但他没有听从老牧师的劝告，依自己的计划向那3个害他的人报复。《基度山恩仇记》基本上讲的就是他复仇的过程，他使害他的3个仇人下场都很凄惨。他的未婚妻那时已嫁给那3个仇人之一，最后拒绝

回到他的身边，并对他说："你这样做，究竟得到了什么？"

在书的结尾，基度山伯爵并没有成功的喜悦，反而有些空虚，有些悔恨。

打败对手并不是成功，尽管世上有许多不公平的事，但"报仇是上帝的事"，"成功不是打败别人"。

1977年，知识分子型的电影全才伍迪·艾伦导演的一部电影《安妮霍尔》得到奥斯卡金像奖的最佳影片、最佳导演、最佳原著剧本、最佳女主角4项大奖。而伍迪·艾伦本人更是一手包办这部电影的监制、编剧、导演、男主角，他应该非常高兴地去参加颁奖典礼，接受他应享的荣耀才对呀！

可是他并没有去好莱坞接受颁奖，而是独自一人在纽约的一家小酒吧吹奏黑管爵士乐，因为他坚信一件事——成功是自我证明，而不需要借由钱财、名利去肯定。

成功不是将对手打败！人生的挑战，说穿了只是内在的自己挑战外在的自己。成功完全是一种个人现象，只有你所完成的事跟你的信仰和意愿相适时，你才会在内心产生成功的感觉。即便赢得全世界也先别高兴，因为你可能真正输了自己。

第一章 具备成功的信念是第一要素

第二章 积极地面对人生

> 你的心理状态能决定你成功与否。你能做多少，要看你想做多少而定。成功都是保留给具有"我一定会把事情做得更好"的态度的人。
>
> 到处都是有衰亡就有生长。只要我们继续发展，只要我们不停地更新思想观念，不停地追求新知和进步，那么，退化、衰变、老化和腐化就绝不可能在我们身上出现。

不管向前走的路是多么顺利、多么容易，总有人会落后；同样的道理，不管向前走的路是多么艰难、多么坎坷，总有人不顾一切地走在前面。

现在全世界演艺人员里面，收入最高的人之一是席维斯·史泰龙，他22岁退伍，没有钱，身上带着100美元，开着破旧的吉普车，像无头苍蝇般在纽约找工作，而且一定要找到演员的工作，可是他没有将个人的特质与环境做最适当的调适，他没有想到自己不是英俊小生，想要当主角谈何容易，所以总共被拒绝了1 850次。一个人如果没有高度的自信，没有积极的思想，很可能被拒绝两次，就放弃了，而史泰龙被拒绝1 850次，却还一直告诉自己说："这个世界并没有失败，失败只不过是暂时地停止成功。"

总算碰到一个导演，非常喜欢他的剧本，但是不喜欢他当主角，跟他说："如果叫你当主角，可能是票房的毒药。"但是史泰龙说："你如果要用我的剧本，你一定要用我当主角，不然剧本不卖给你。"那个导演只好尝试一次。没有想到竟然获得了巨大的成功，你们知道那个片子叫做什么？叫做《My Way（夺标）》。

请再次记住这句话："这个世界并没有失败，失败只不过是暂时地停止成功。"

积极心态的力量

你的心灵有伟大的力量，如果你能发现和利用这些力量，你就会明白，你所有的梦想和憧憬都会变成现实。

许多人没有认识到他们的心态是一种能不断地产生效果的建设性力量。

每当我们思想集中时，我们就能产生、创造某种东西。如果我们的思想集中于美好的事物，那我们就会创造出美好的事物来。

首先，让我们来澄清"创造性思考"的意义。大部分的人都把"创造性思考"想成像"电"或"小儿麻痹疫苗"的发现，或小说创作，或彩色电视机的发展。不错，这些都是创造性思考的结果。但是创造性的思考不是某些行业专有的，也不是有超人智慧的人才有的。

那么，什么是创造性的思考呢？

一个低收入的家庭制订出一项计划，使孩子能进一流的大学。这就是创造性的思考。

一个社区设法将一条脏乱的街道变成邻近最美的地区。这也是创造性的思考。

一位牧师发展出一种计划，使会众人数加倍。这是创造性的思考。

想办法简化资料的保存，或向"没有希望购买某种商品"的顾客推销成功，或让孩子做有建设性意义的活动，或使员工真心喜爱他们的工作，或防止一个口角的发生，这些都是很实际的每天会发生的创造性思考的实例。

创造性思考只是找出新的改进方法。做任何事会成功，就是因为能找出把事情做得更好的方法。接着，我们来看看，怎样发展、加强创造性的思考。史华兹博士认为，你一定要相信能把事情做成，要有这种信念，才能使你的头脑运转，去寻找方法来做这件事。

比如，他会问训练班上的学员："你们有多少人觉得我们可以在 30 年内废除所有的监狱？"

这些学员显得很困惑，怀疑自己听错了。一阵沉默以后，史华兹又重复："你们有多少人觉得我们可以在 30 年内废除所有的监狱？"

确信他不是在开玩笑以后，就有人反驳："你的意思是要把那些杀人犯、抢劫犯以及强奸犯全部释放吗？你知道会有什么后果吗？这样我们就别想得到安宁了。不管怎样，一定要有监狱。"

大家开始七嘴八舌：

"社会秩序将会被破坏。"

"某些人生来就是坏胚子。"

"如有可能，还需要更多的监狱呢！"

"难道你没有看到今天报上谋杀案的报道吗？"

还有人建议必须要有监狱，那样警察和狱卒才有工作做。

史华兹接着说："你们说了各种不能废除监狱的理由。现在，我们来试着相信可以废除监狱。假设可以废除，我们该如何着手？"

大家有点勉强地把它当成实验。静默了一会儿，才有人犹犹豫豫地说：

"成立更多的青年活动中心可以减少犯罪事件。"

CHENGWEI RENSHENG DE YINGJIA

不久，这群在 10 分钟以前坚持反对意见的人，开始热心地参与了。

"要消除贫穷。大部分的犯罪都起于低收入的阶层。"

"要能辨认、教导会有犯罪倾向的人。"

"借心理治疗的方法来医治某些罪犯。"

"要教育那些执法人员对罪犯采取积极的矫正方法。"

总共提出了 78 种构想。

这个实验的重点是：当你相信某一件事不可能做到，你的脑筋就会为你找出各种做不到的理由。但是，当你相信——真正地相信某一件事确实可以做到，你的脑筋就会帮你找出各种方法。

相信某一件事可以做成，就会自然而然地产生"创造性的解决之道"。认为某一件事情做不到，就是一种破坏性的想法。不真正相信世界可以永久和平的政治家无法达成这种理想，因为他们的心智对创造性的解决之道已经封闭了。那些相信经济萧条不可避免的经济学家也不可能发展出创造性的方法制止经济的不景气。

同样地，如果你相信你能喜欢某一个人，你就真的能找出各种喜欢他的原因。如果你真的相信你一定办得到，你就真的能找出购买那幢大房子的方法。

"相信事情能成功"可以将各种创造性的能力发挥出来，而"不相信事情能成功"只会阻碍发挥创造性的能力。

抱着创造性的期望

正如埃拉·惠勒·威尔考克斯所说，你绝不能说不知你的思想捣了什么鬼，使得你或爱或恨，因为，思想念头本身就是实实在在的事，当它们展开无形的翅膀时，能快如信鸽。它们遵循宇宙的法则——开什么花，结什么果。无论什么念头从你脑中进出，它们都会推动你付诸实施。

一旦我们意识到去掉悲观、愤怒和痛苦的思想在很大程度上也就是去掉疾病和不幸时；一旦我们意识到追求亲切友好和幸福的思想也就是在追求成功、健康和幸运时，我们就会找到控制这一精神力量的新动力。

树立健康的思想，树立富于生机与活力的思想习惯，这种习惯作为目前存在的一种现实，作为一种永恒的真理，是一种妙不可言的万能灵药，将使你顿感力量陡增。我们将感到正被强有力的上帝支撑着，因为我们的思想情感富于真理和生机，富于创造力。

"创造性的期望"，据一位心理学家解释说："某个人的毛病是在他的潜意识中总是期望最坏的事情会发生，因此他的心智就会倾向于往这方面想像，而果然创造出失败的情况。我们得教会他有信心去想像和期望最好的事。实行创造性的期望应该能教会他相信自己的潜能。"

这是事实，你期望什么，你常常就会得到什么。习惯性的期望常常引发出相应的状况和发展。例如当那个人开始实行这种创造性期望的做法后，创造性的事情果真开始发生了。过去很长一段时间，他每天都认定自己会"把事情弄糟"，他期望这种结果，也就得到这种结果。然后他学到了这种新观念：创造性的期望。他学会了抱着信心去思考，开始期望会发生好的结果，逐渐地这就变成了他的思考模式。在他认识到"我认为我行，我就行"的事实后，他完全变成了不同的人。

自从他有了重大的改变到现在，又过了好些年。他今天是他那个行业中非常成功的人，领导着一大群工作人员。"这创造性期望的定律真是了不起，"他说，"它挽救了我的事业，这是完全不假的。这个定律使我走上了正轨。实行创造性的期望改变了我，使我不再期望失败，而相信自己能够有效地掌握和发挥自己。"

正如数学和物理学的定律一样，我们所有的想法和行动，也都受制于"因果律"。你以某种方式做某件事，必然会得到某种结果。世上每件事的进展都因循着定律，包括思想在内。我们可以运用可用的定律来改进我们自己。这些定律之一就是要抱持"创造性期望"，就是要有自信。

拥有梦想的人，他们也许有某些需要、需求以及欲望，以下是进行"创造性期望"的程序，即你要回答跟你自己有关的三个基本问题。

一、我是谁？

即我有什么兴趣？我有什么特别的才能？什么事情能带给我莫大的乐趣？诚实回答"我是谁"这个问题，可以让你明了你自己有什么特别的才能与优点。史华兹博士曾要一群追求成功的人士回答这个问题，结果答案彼此不同，令人十分震惊。某些人发现自己原来是独行侠，不喜欢身旁有太多的人；有的人则发现自己十分外向，能和特别多的人做伴。有些人比较喜欢动手，有些人则喜欢动脑。

我们每个人都有自己的特点。要先知道你是谁，然后才能回答第二个问题：

二、我想要什么？

你所认识的人当中，绝大多数的人对于他们的生活目标，以及究竟想要什么，只有模糊的概念。追求生活成就的人在早上起床后，努力工作，力求上进，而不是向下坠落。他们起床来享受生活，会晤有趣的人士，赚更多的钱，为他们所爱的人多尽一份心力，并且帮助其他人获得成功。

了解我们的生活目标是什么，这一点十分重要。起床后忙上 16 个小时，再睡上 8 个小时，这不是很好的生活，然而对大多数人来说，这却是他们生活的主要原因。

三、我如何达到生活的目标？

假设你已经明白你的生活目标是什么，那么下一个问题是："我如何达到生活的目标呢？"我们每个人都有自己的特点和不同的生活目标。但是另外还有 3 项指导原则，如果我们能够遵守这些指导原则，将可达到我们所追求的生活目标。

1. 尽量获取你可能得到的训练与经验，使你有资格从事你所希望的工作；

2. 得愿意牺牲奉献，以及更进一步牺牲奉献；

3. 为你的梦想定一个实现的时间表。

创造性的期望是一种积极有效的思维方式，我们确实可以运用可遵循的定律来改善自己。"我们这一代最伟大的发明，"心理学家威廉·詹姆士说，"就是人类可以用改变心智态度的方式改善自己的生活。"

墨守成规会阻碍你进步

1900 年左右，有一位销售经理发现了一项有关销售管理的"科学"原理。这项原理在当时很风行，而且被编进教科书。它就是：推销产品有一种最好的方法，找出那种最好的方法，然后一成不变地遵循它。现在看来，这在当时风行一时的原理很可笑是吗？

幸好，这个人的公司不断有新的领导者，才使公司避免了破产的危机。

另外一个对比是著名的杜邦公司董事长格林·华德先生的经商哲学。他说："有许多方法可以把一件事情做好。方法之多，至少同参与工作者的数目总和相等。"

其实，做任何事都不可能只找到一种最好的方法。室内装潢、布置园林景观、做买卖、教养小孩或烹调上好的牛排，永远不会只有一种最好的方法。最好的方法正如创造性的思考那样多。

没有任何事是在冰雪中发展的。如果我们让传统的想法冻结我们的心灵，新的创意就无由滋长。

"普通"人总是憎恶进步。许多人反对汽车，理由是大自然的本意是要我们走路或骑马；许多人排斥飞机，认为人类无权进入那专为鸟类保留的天空；许多保守人物仍然坚持人类与太空无关。

一位顶尖的飞弹专家布朗恩博士最近曾为这种思考提出了反驳："人类属于人类想要去的地方。"

某一阶段报纸报道美国大部分的州有太多的郡，而郡与郡之间的界限，都是在第一辆汽车出现以前好几十年，马车为主要的交通工具时，就确立了。但现在已经有便捷的交通，应该合并三四个郡。这样，就能大量节省服务的重复费用，使纳税人能以较少的金钱获得较佳的服务。

该文的作者以为他发现了很新鲜

的主意，于是抽样访问 30 个人，希望获得支持。结果没有一个人认为这个主意可行，即使这个主意能提供省钱而又服务好的地方政府。

这就是传统思考的一个例子。传统思考者的心灵都是麻木的，他们的理由是："这已经实行很多年了，因此一定是个好办法，必须维持原样。何必冒险去改变呢？"

然而有志者事竟成，历史终将证明，墨守成规的思维将跟不上时代发展的步伐，这是创造性思考的根本。以下两种建议可帮助你借着信心发展出创造性的能力：

首先，在你的思考与谈话中，要除掉"不可能"这类字眼。"不可能"是失败的用语。"那是不可能的"想法，能使你生出一连串的想法证明你想得没错。

其次，想某件你一直想做却觉得办不到的事，然后列出你能做到的各种理由。我们常常会因为只想办不到的原因而志气消沉，但事实上往往只要用心想办得到的原因，就可以达成。

挫折与痛苦是达致成功的踏板

完全成熟的人把情感上的痛苦视为生命中无法避免的情况，进而接受它。实际上，他们认为那是求变过程中不可缺的刺激。这并非意味着他们要求痛苦或是消极地等待着被伤害。反之，他们了解，痛苦不一定只意味

着不舒服，它可以成为个人成长过程中的一股积极力量。缺乏痛苦的生命——若有可能的话——只能算是生命的一部分。因为痛苦与喜悦是一体两面的，甚至可能是相互依存的，在某些情况下，二者是相互滋长的。

成熟的人知道，情感上的痛苦多半是自己造成的。它并非如我们所想，导因于他人的行为、逆境或不幸的事件，而是我们自己对这些事物的反应。事实上，我们必须直接对自己的痛苦负责。我们可能因为自己令人痛苦的境遇而诅咒朋友、家人、社会和上帝，因为我们认为错在他们；我们也可能选择接受痛苦而做些有用的事来减轻痛苦。一个错误的选择将会引发接踵而至的不幸，而另一个正确的抉择可带给我们解决之道。想到逃避不了的老去与死亡，我们或许会感到绝望与沮丧，这种情绪将剥夺我们原本对生命的那股企盼。我们也可能把这些现象看成是增进我们目前生活品位的一种刺激因素。个人的挫折可以被视为是一种无法超越的障碍和自怜与憎恨的理由，亦可成为更严密检视自己行为的一种刺激剂，以纠正自己进而改变别人对我们的态度。至于如何做，全在于我们自己。正如卡桑沙卡斯曾说："我们有笔、有颜料就可画一个天国，然后我们即可进入。"反之，我们也随时可以为自己造出一个地狱。但如果我们选择了地狱，我们必须了解那是自己的抉择，因此不得再埋怨父

母、朋友、家人、社会或上帝。除了我们自己，没有任何人、任何事物能令我们沮丧或痛苦。

然而，**有许多事物是必须从痛苦中学得的。既然我们多半不是坚强到能毫发无伤地抗拒痛苦，倒不如将它视为我们达到目的的踏板。**

大部分人一想到"痛苦"这个字眼就感到憎恶，并且以它来完全否定生命。他们千方百计地逃避痛苦；他们借着各种形态，每天服用大量的药丸，或是酒精、镇静剂和其他麻醉药物等求得暂时的解脱，以蒙蔽自己。有些人甚至在绝望中步向精神异常的境地，那完全是对现实环境中痛苦的逃避，他们无法理解到痛苦足可成为帮助我们认知的一股力量。事实上，我们要相信持续的成长有赖于某些痛苦的刺激，而且成长的程度绝对与痛苦的程度有关，因此，痛苦是人类成长最佳的途径。

那些遭遇痛苦即赶紧为自己的将来建立起防卫措施的人，将置身于更大的危机中。他们使自己变得冷漠无情、恐惧不安，甚至干脆从人群中退却。一旦他们认知某种情况将导致痛苦，他们便永远不愿再去尝试与体验，因为他们认定结果都将一样。一旦曾经受挫于爱情，他们可能永远不再信任爱情，对感情的处理战战兢兢，对情人心怀疑虑。他们甚至可能选择孤独，即使那将远比原来的挫折更令他们痛苦。

有些人执著于痛苦中，仿佛紧抓住情人一般。但正如想束缚情人一样，这必须要付出相当大的代价。执著于痛苦将损耗一个人的大量精力，剥夺原本可激励生命的创造力。许多人几乎终生生活在毫无意义的痛苦中，他们对自己的痛苦不曾善加处理与解决，经年累月之后，凝聚成强烈的苦闷、恐惧、憎恨与报复的心理。此种因果关系经常被我们忽略。最后，这些人变得胡思乱想、无情与多疑。因此，执著于痛苦无疑是在自我惩罚。

一个成熟的人有承受失望的勇气和力量。他们把失望当做是提醒他们有所行动与改变的一个信号，因此也当它是成长过程中必要的一环。他们知道，生命中不可能没有痛苦，更真切地说，他们必须视它为自己生命的一部分，唯有如此，他们才能坦然处之。你可以重复下列句子：我曾遭遇的挫折和痛苦都将变成一种遥远的记忆——我始终不断地转变成一个更坚强的人。我对生活抱持信心，而且正在重新获取我对生活的热爱，但愿我的快乐永远与我相随。我会觉得越来越快乐，我与生活的步调相处和谐，而我所获得的回馈是拥有生活的丰富与快乐。

不再作茧自缚

你有没有一个感情的茧？一种内在的感觉，使你从工作中回头？它进入你的工作，无论这是个多么微不足道的工作，它老是把工作毁掉。或者你有个重大的工作——关系着你的前途，但它的存在使你不能有效地工作。

茧，是我们在不知不觉中制造出来的，它用以防止进入效率。由于没有察觉到它的存在，所以很多人害怕经历成功的过程。茧有一条管道直通大脑，它告诉我们："注意！要看起来忙碌，但不必太有效率，因为你并不想要太有能力或太有力量。"

当这种不被发觉的命令控制你的行为时，你就不会采取胜利的程序了。你遭逢阻碍了，你的心灵一片空白；你想要忘记曾经说过的话，且不进入工作状况；你发现你一直在回避职务、浪费时间。它可以在任何地方、任何工作状态中进入你的大脑，当你做新的尝试或处理困难时，它不声不响就来了。

传统的想法是一种紧紧捆缚心灵的茧，是创造性的成功计划的头号敌人。传统性的想法会冰冻你的心灵、阻碍你的进步、防止你进一步发展你真正需要的创造性能力。以下是对抗传统性思考的方法：

一、要乐于接受各种创意。要丢弃"不可行"、"办不到"、"没有用"、"那是很愚蠢的"等思想渣滓。

有一位在保险业表现杰出的人士曾说过："我并不想假装自己很精明干练，但我却是保险事业最好的一块'海绵'。我尽我所能地去汲取所有良好的创意。"

二、要有实验精神。废除固定的例行事业，去尝试新的餐馆、新的书籍、新的戏院以及新的朋友，或是采取跟以前不同的上班路线，或做与往年不同的度假计划，或在这个周末做一件与以前不同的事情，等等。

如果你从事配销工作，就试着培养生产、会计、财务等方面的兴趣。这样会扩展你的能力，为你担负更大的责任预先做准备。

三、要主动前进，而不是被动、后退。不要想："这通常是我做这件事的方式，所以在这里我也要用这种方法。"而要想："有什么方法能比我惯用的方法做得更好呢？"你年轻时为了要送报纸或挤牛奶，每天早上5点半就起床，但这并不意味着你的小孩也要这样做。

如果福特汽车公司的高级主管这样想："今年我们已经造出最好的汽车，要想再创新和改进是不可能的。因此，所有的汽车试验设计活动不得不到此停顿了。"即使是像福特这么大规模的公司，也会因这种心态而迅速萎缩。

成功的人喜欢问："要如何改良品质？要怎样做才能做得更好？"

由造飞弹到养育子女的各种计划，都不可能达到绝对的完美。这意味着一切事物的改良可以无止境地进行。成功的人深知这一点，所以他们经常会再寻找一些更好的方法。

史华兹教过的一位学生在从商仅仅4年之后，又开了第4家五金店。这真是了不起的成就，因为这位年轻的女士创业时只有3 500美元的资金。她缺乏经验，而且还要应付同行的激烈竞争。

她的新五金店开业不久，史华兹前去道贺，并问她怎么会有这样的成就，而其他大部分的商人都还只为一间店铺努力挣扎。

她回答道："我确实是很努力。但是只靠早起与加班是不足以赢得这4家店面的。这一行的大部分人，都是很努力工作的。我的成功主要是靠我自创的'每周改良计划'。"

"每周改良计划？这听起来很特别，是怎样进行的呢？"史华兹问道。

"其实也没有什么特别，它只是一种帮助我每过一周，就可以把工作做得更好的计划罢了。"

"为了使我的思维上轨道，我把工作划分为4项：顾客、员工、货品、升迁。我每天都会把各种改进业务的构想记录下来。"

"然后，每星期一的晚上，我花4小时检视一遍我写下的各种构想，同时想如何将一些较踏实的构想应用在业务上。"

"在这4小时内，我强迫自己严格检讨我的工作。我不会仅仅盼望更多的顾客上门，我会问自己：'我还能做哪些事情来吸引更多的顾客？我要怎样开发稳定、忠实的老主顾呢？'"

她继续说明能使她最初3个店铺成功的许多小小的创新行动，比如：改变商品的陈列方式；"建议式的推销技术"使本来不打算买东西的有2/3买了；许多顾客因罢工而失业，她想出"信用计划"使得他们能以延期支付货款的方式保住店铺的营业额；以及"购买竞赛计划"使淡季销售额仍能增加。

她接着说道："我问自己：'我还可以怎样做来增进商品的销售额？'我又想到一些主意，其中之一是，我想我该做一些事来吸引更多的小孩进我的店面。因为，如果我有一些能吸引小孩上门的商品，也就能吸引更多的大人。我不断地想，就想到一个主意，那就是，在供应4至8岁小孩的产品堆中多加一排小型的纸玩具。结果真的很管用，这些玩具不占什么空间，也卖了不少钱。但最重要的是，这些玩具使我店面的顾客川流不息。"

"请相信我，我的'每周改良计划'真的很管用。此外我还学到有关成功的生意观念，是每一位从商的人都应该知道的。那就是：你起先懂多少并不重要，重要的是，你开张以后学到什么，以及如何应用。"

在成为胜利者之前，或许你会面对很多艰难的工作，实际上，无论它们有多么艰难，你都可以自行去克服它们、战胜它们。

成功人士不会问："我能不能做得更好？"他知道他一定办得到。所以他总是问："我要怎样做才能做得更好?"

进步本身就是一种收获

有重大成功的人，都会不断地为自己和别人设定较高的标准，不断寻求增进效率的各种方法，以较低的成本获得较多的报酬，以较少的精力做较多的事情。"最大的成功"都是保留给具有"我能把事情做得更好"的态度的人。

通用电气公司一直使用这样的口号来激励员工，那就是——进步本身就是公司最重要的一项产品。

那么为什么不考虑将进步也变成你最重要的一项产品呢?

以下的练习能帮助你发现并发展出"我能做得更好"的态度的能力。

每天工作前，花10分钟想："我今天要怎样做才能把工作做得更好"、"今天我该如何激励员工"、"我还能为顾客提供哪些特殊的服务呢"、"我该如何使工作更有效率呢"等。

这项练习很简单，但很管用。试试看，你会找到无数创造性的方法来赢得更大的成功。

有一位年轻的银行经理曾谈过有关"工作能量"的经验:

"我们银行有一位经理突然离职，留下许多紧急的工作。副总经理找我去谈，他说他已个别问过另外两人是否能分担这位离职经理的工作，直到

有新人接替。'他们没有明确地表示拒绝，但都说自己现在的工作已经很重了。不知你是否能暂时接管这个重任?'"

"在我的工作经验中，我知道'拒绝新的挑战'非常不明智，所以我当场同意并且保证尽最大的努力来完成，同时还要处理原有的工作。副总经理因此很满意。"

"走出他的办公室时，我又增加了一个责任。在我们那个单位，我跟另外两个婉拒额外工作的人一样忙，下班时间已到，我冷静地研究'应该怎样才能提高工作效率'。我拿起一支铅笔，飞快地写下所能想到的每一个方法。"

"你看，我真的想出来了。比如说:跟我的秘书订一个规定，把所有的例行电话都集中在某一个时间;把所有的拜访活动都集中在一个固定的时段;将一般的例行会议由15分钟减为10分钟;每天只有一次集中对秘书口述各项事宜的时间。此外我的秘书也很愿意替我分担一部分比较花时间的琐碎工作。"

"我已经这样工作了两年，很坦白地说，当我发觉自己以前做事那么散漫时，简直吓了一大跳。"

"在一个礼拜内，我就发现我口述的信件比以前多一倍，处理的电话多了5成，同时开会的次数也比以前多出一半——做起来易如反掌。"

"就这样又过了几个礼拜，副总经

理又找人请我过去一下。他首先夸奖我的成绩，接着说他一直在找人，但是都不理想。然后又说他已经在主管例行会议中提出这个问题，他们授权他把这两项工作合并，全部归我负责，并且给我大幅度地加薪。"

"我已经证明'我可能做到多少，要看我想要做到多少而定'。"

这个经验给我们上了一课：你的心理状态会决定你的能力。你认为你能做多少你就能做多少。你若真的相信自己能做得更多，你就能创造性地思考出各种方法。

做事能力的大小，确实是一个人心理的具体表现。请记住：你永远比你想像中更伟大。

失败只是暂时地停止成功

大发明家爱迪生一直奉行这个法则，他同时是个坚毅、积极的思考者。他的儿子查尔斯·爱迪生在任新泽西州的州长接受一次采访时，曾讲述有关他父亲的一段往事。

在1914年12月9日的晚上，西橘城规模庞大的爱迪生工厂遭大火，工厂几乎全毁了。那一晚，老爱迪生损失了200万美元，他许多精心的研究也付之一炬。更令人伤心的是，他的工厂保险投资很少，每一块钱只保了一角钱，因为那些厂房是钢筋水泥所造，当时人们认为那是可以防火的。

查尔斯·爱迪生当时24岁，他的父亲已经67岁。当小爱迪生紧张地跑来跑去找他的父亲时，他发现父亲站在火场附近，满面通红，满头白发在寒风中飘扬。查尔斯说："我的心情很悲痛，他已经不再年轻，所有的心血却毁于一旦。可是他一看到我却大叫：'查尔斯，你妈呢?'我说：'我不知道。'他又在叫：'快去找她，立刻找她来，她这一生不可能再看到这种场面了。'"

隔天一早，老爱迪生走过火场，看着所有的希望和梦想随风飘逝，却说："这场火灾绝对有价值，我们所有的过错，都随着火灾而毁灭。感谢上帝，我们可以从头做起。"3周后，也就是那场大火之后的第21天，他制造了世界上第一部留声机。

在追求成功的路上，坚持是达成目标的关键。

你必须不断追求梦想、坚持到底，并绝不放弃！无论你吃多少闭门羹、面对多少困难或障碍，你都得培养出绝不放弃的态度。不放弃，绝不放弃，坚持到底！

你若仔细观察一只蚂蚁，便会发现，这真是种不可思议的动物，因为它从不放弃。如果你在一只蚂蚁面前放一片树叶、一根棍子、一块砖或其他任何东西，它一定会从上面爬过、从底下钻过、从旁边绕过，直至达到目的。它绝不停止、绝不放弃，并不断尝试，朝目标迈进。事实上，只有到死时，蚂蚁才会停止尝试。

我们都应该从蚂蚁身上汲取经验，勤奋地工作，不断地追求目标。无论遭遇什么问题，或身陷何等困境，都绝不能放弃。我们要不断追求梦想，并致力于达成目标。努力工作，为困境做准备，请记住，最重要的就是：绝不轻言放弃！

信心中含有无限的可能性

你已经知道你内心有无穷的力量，因此，只要你能抱持信心，你就能到达任何你想要去的地方。

假如还有信心与希望，即使只是微如星光，也能照亮你前行的远景。因此你需要一幅新的地图，要用一个全新的宏观的眼光，来看待你自己的位置。你必须在心态与认知上，首先跨出一大步，否则你只会陷于目前的不愉快的处境。

圣·保罗有句话说得很在理，他说："更新你们的思想，你们就能获得新生。"这就是说，我们应该改变、纯洁、更新和提高我们的思想认识。

"我会坚定地活下去，直到死为止。"这个忠告是一位染上肺结核的律师朋友告诉史华兹的。这位朋友自知他必须过着有节制的生活，但是这并不能阻止他继续执业，维持一个很像样的家庭，并且好好享受生活。这位现年78岁的朋友以下面的话表达他的人生哲学："我要一直活到我死为止，

而且我也不会将生与死混在一起。只要我在世上一天，我就会好好地活下去。为什么要使自己半死不活？一个人对死亡每烦恼一分钟，就等于死了一分钟了。"

还有一位朋友，是极负盛名的大学教育家，他在1945年由欧洲回国时只剩了一条手臂。虽然残障，但他还是经常微笑，经常帮助别人，就像我们所认识的每一个乐观者一样。有一天，他跟史华兹谈到他的残障。

"那只是一条手臂而已。"他说，"当然，两个总比一个好。但是切除的只是我的手臂，我的心灵还是百分之百地完整与正常。我实在是要为此感谢。"

另一位残障朋友是高尔夫球好手。有一次史华兹问他为什么能用唯一的一只手展现几近完美的打球姿态，大部分两臂健全的高尔夫球选手也做不到这么好。他的回答颇富哲理："我的经验是，心态正确的独臂人，每次都能击败那些心态错误的两臂人。"好好思考这句话，它不仅适用于高尔夫球比赛，也适用于人生的每一面。

我们许多人都曾有过思想观念突然更新的神奇经历。这种观念更新不期而至，一下子驱散了我们头脑里的阴云，让欢乐和幸福的明亮光线射进了我们的头脑，这种观念更新至少暂时改变了我们的某种消极观念。我们沮丧时，觉得一切都暗淡无光时，也

许一些好运会突然降临在我们头上，或者我们多年不曾见面的一个终日乐滋滋的亲密好友突然光临我们的寒舍，或者是我们做短暂的乡间旅游，正因为从这些事情中获得了新启示的滋润，我们所有的心灵伤害都得到了根治。有时，我们旅游时，也许碰巧会见到一些迷人的风景或碰巧见到一些我们从书上得知的、长期以来一直渴望见到的精美艺术品，这种强烈的情感和兴趣，这种美丽、壮观、庄严的事物给人带来的巨大启示能暂时改变人们忧郁、焦虑不安的心情，而这种忧郁、焦虑不安的心情在不久之前却使我们痛苦不堪。

当你转向他处时，你的眼界变了，因而你的人生也会大变样。对于那些没有勇气和一遇失败就一蹶不振、胆色全无的人来说，世界一无是处。

也有许多人，虽然他们失去了所有心爱的东西，失去了一生努力奋斗得来的物质财富，但是，因为他们拥有一颗坚定的心，一种百折不挠的毅力和一种不留退路、勇往直前的决心，因此，他们并非是真正的失败，拥有这种最可宝贵的精神财富，他们不可能贫穷。

有衰亡就有生长。只要我们继续发展，只要我们不停地更新思想观念，不停地追求新知和进步，那么，退化、衰变、老化和腐化就绝不可能在我们身上出现。世间存在一条永恒的更新法则，这条更新法则在我们身上不断地起作用。唯有在我们产生不利的思想观念和心态混乱时，这条更新法则才会失灵。

第三章　恐惧是成功的大敌

　　恐惧是人类心灵的肿瘤，它总是想方设法地用各种方式阻止人们从生命中获得他们想要的事物。

　　因为你的心智的力量可以被控制和牵引，所以，你可以找回成功的自我，积累成功经验，扬长避短，善于改变。于是，一切自然水到渠成。

　　二次世界大战期间，美国海军要求所有的新兵一定要学会游泳。

　　这些年轻健康的新兵会被只有几尺深的水吓到实在很可笑，但却是实情。有一项训练是从一块6英尺高的木板上"跳进"（不是潜进）8英尺或更深的水中，几位游泳好手则站在近旁。

　　那种景象挺可怜的。他们表现出的恐惧一点也假不了，但是他们唯一能做的，而且唯一能击倒恐惧的方法，就是纵身一跳。有好几个人"不小心"被推下去，结果，就不再害怕了。

　　这是许多海军所熟悉的经历，它说明了一个重点：行动可以治疗恐惧；犹豫、拖延则助长恐惧。

　　恐惧是一股强大的力量，它能使人游移不定，缺乏信心。它确实地存在。恐惧会阻止人利用机会；恐惧会耗损精力、破坏器官的功能，使人生病、缩短寿命；恐惧会在你想要说话的时候封住你的嘴巴；恐惧能解释为什么还会有经济萧条，为什么有这么多人不能成大器、不能快乐地生活。

　　恐惧是人类成功的头号大敌。

　　恐惧多半是心理作用。烦恼、紧张、困窘、恐慌都是起于消极失当的想像。但是仅知道恐惧的病因并不能根除恐惧。如果医生发现你身体的某部位受感染，不会就此了之，而是进一步去治疗。

　　各种恐惧都属于心理传染病。我们能像治疗身体传染病一样地治疗心理传染病，但要对症下药。

　　首先，你要有个认知：信心完全是训练出来的，不是天生就有的。你认识的那些能克服忧虑，无论何时都泰然自若、洋溢信心的人，全都是磨练出来的。因此，你也能办到。

管理你的记忆银行

头脑就像个银行，你每天都会存入一些想法，这些想法慢慢就会形成记忆。每当你静下来思考一个问题时，你就等于在问自己的心智银行："我对这件事知道什么？"

你的记忆银行会自动提供一些资料，这些资料是你在先前的境遇中存入的。因此，产生新思想时所需的原始资料，主要由记忆提供。

记忆银行的出纳极为可靠，绝不会让你失望。如果你告诉他："出纳先生，我要提出我以前存入的一些能证明'我不如别人'的想法。"他会说："没问题，先生，你应当回想以前两次像这样的失败经验是怎样发生的，回想你小学六年级的老师是怎么说你无法完成某件事的；回想你无意中听到别的同事是怎么批评你的；回想……"

出纳先生就是这样不断地从你的脑中挖出证明你"无能"的想法。但是假如你要求他："出纳先生，我很难下这个决定，你能给我提供任何具有信心保证的想法吗？"

这位出纳先生同样会说："没问题，先生。"但这次他会提出你以前存入的你能成功的观念："回想你在以前类似的情况下做得多好；回想史密斯先生对你有多大信心；回想你的好友们是怎么赞扬你的；回想……"

这位出纳先生有求必应，完全听凭你去取出你想要的观念。这毕竟是你的银行。

你能通过有效地管理记忆银行来建立信心：

首先，只存入积极的想法。每一个人都会遭遇许多令人不快、尴尬、泄气的处境。成功者和失败者则以完全相反的方式来处理这些困境。也就是说失败者会耿耿于怀，老是沉溺在这些不愉快的处境中，让失败引导他们的记忆走向。他们就是放不开，不去回忆一下，他们是不会入睡的。而那些充满信心的成功者根本就不去多想，他们很懂得只把积极的思想存入记忆银行。

如果你每天早上上班前，都把一些脏东西放进汽车的曲轴箱，这部汽车会变成什么样子呢？原本很好的汽车引擎马上会一团糟，无法办到你想要它做的事情。存在你脑中的消极、不愉快的思想，也会以同样方式，不必要地耗损你的心智马达。这些思想会制造忧虑、挫折感和自卑感。当别人正不断地向前迈进时，你却被困在路边。

当你独处思考时，例如一个人开车或吃东西时，要努力回想愉快、积极的经验，把各种美好的思想注入你的记忆银行。这会增强你的信心，使你有"我确实感到美好"的感觉，同时也帮助你的身体维持正常的功能。

以下是个极佳计划。就在你每天临睡前，将各种美好的思想存入你的记忆银行。数一数降临在身上的恩典，回想你必须感谢的许多美好的事物：你的妻子或先生、你的孩子、你的朋友、你的健康。回想你今天看到别人做了哪些好事。回想你自己有哪些小小的胜利与成就。仔细想想能使你活得愉快的种种理由。

其次，只从你的记忆银行里取出积极性的想法。史华兹博士曾跟芝加哥一家心理顾问公司常有联系。他们处理各式各样的案件，但绝大部分是属于婚姻与心理适应方面的问题，全跟心智活动有关。

一天下午，史华兹与该公司的负责人谈到他的行业，以及他用来帮助那些心理严重失调的人的技巧时，那位负责人说："其实，只要人们能做到一件事，就不再需要我们这种行业了。"

"是什么呢？"史华兹问道。

"只要在消极的思想变成心理怪物以前，就先毁灭它。"

"我要帮助的大多数人，"他继续说，"都为自己经营了一间'恐惧的心理博物馆'，例如，许多婚姻问题都与所谓'蜜月怪物'有关，亦即蜜月不如人们预期的美好，但他们不但不去埋藏那些记忆，反而不断去回想，最后使那些记忆变成迈向成功的婚姻生活的巨大障碍。他们多半在 5 年或 10 年后才为此找我。"

"当然，我的顾客通常并不明白自己的问题在哪里。我的工作就是帮助人们去发掘，解释症结所在，让他们明白，带给他们困扰的，只不过是些微不足道的琐事。"

"一个人可以从任何不愉快的经历中制造出一个心理怪物，例如，工作失败、失恋、错误的投资、对一个十几岁小孩的行为感到失望……这些常常都是我要帮助顾客消灭的'怪物'。"

由此可见，任何消极的思想不断地重复运作，都会演变成实在的心理怪物，破坏信心，从而导致严重的心理障碍。

因此，你必须妥善管理你的记忆银行，只取出积极的记忆，这样你就会借由乐观的心态奋力前行。

把消极的记忆踢出去

害怕失败的原因是，我们每个人在成长过程中都遭受过无数的挫折，于是，失败的恐惧时常伴随着我们。这种恐惧感来自于对过去"伤害（遭挫折、被耻笑）"的记忆，造成内心的胆怯和懦弱，从而产生消极的想象力和预期的失败感。当人们在做出一个新的决定时，心态消极的人往往想到曾经遭受过的失败印象，于是忧虑退缩，裹足不前。

我们不了解，每一诚实的思想，每一美好的思想，每一令人鼓舞的思想，如果存在于心中，往往都能再生出自我，并能消除头脑中的混乱思想，因而可以振奋精神。当头脑中充满这

第三章　恐惧是成功的大敌

些催人奋发、鼓舞人心的思想时，和它们相反的那些思想就不能再恣意妄为了，因为这两种思想不可能共存，它们是不共戴天的天然死敌。

我们的生命因我们永远拥有富于生机与活力的思想，因我们拥有诚实正直思想，因我们拥有乐观的思想和美好的思想而力量剧增，而因这些思想而衍生出来的巨大力量则可以巩固我们良好的品格。知晓这一秘密的人往往会抓住这一世间通行的根本原则，会开始认真考虑世间事物的真实性，并过上具有现实性意义的生活。那些生活在真理和现实正中央的人会觉得自己很安全、很有力、很平静，这种安全感、力量感和平静感是不会光临那些生活在事情表面上的那些人的。

《世界杂志》曾刊出的一篇名为《自我破灭的倾向》的文章指出，在美国每年有3万多人自杀，有10万人打算结束自己的生命。还有一个令人惊异的事实是，另外还有几百万人正在用一些较慢、较不明显的方法来自杀，更有些人在进行心理方面的自杀——他们不断寻找各种方法来羞辱、惩罚与毁灭自己。

一位心理学家曾提过他是怎样帮助一位病人停止做"心理与精神上的自杀"的。"这位病人年近40，有两个小孩。"他解释道，"照一般的说法，她患有严重的忧郁症。她觉得她生命中的每一件事都是不快乐的经验。

她的学生时代、她的婚姻、孩子的举动以及她曾经住过的地方，全都被她想得很灰暗。她'自愿'不记得她曾经真正地快乐过。由于一个人对过去的回忆会左右他现在所看到的色彩，所以这位病人只能看到悲观与黑暗。"

"我拿出了一幅画，问她在画中看到了什么。她说：'它看来像是今晚会有一场可怕的雷雨。'这是我所听过的最悲观的解释。（那张画画的是接近地平线的太阳，以及锯齿状的岩石海岸，手法巧妙，可以解释为日出或日落。这位心理学家评论说，一个人对画的解释，可以反映出他的人格。大部分的人都说这是日出，但是那些忧郁的、有心理障碍的人几乎都说那是日落。）"

"身为一个心理学家，我无法改变一个人的记忆，但是，我能在病人的合作下，帮助他从另一个角度去看他的过去。这就是我用来治疗这位妇人的方法。我帮助她尽量去看她过去可喜、愉快的事，避免去碰触灰心的回忆。6个月以后，她开始改进了，我就给她留了一道特殊的作业。我要求她每天要想出并写下她必须快乐的3个明确理由。下次见面时，我会跟她一起仔细讨论这张表。进行了3个月，她的改善很令人满意。现在，那位妇人很能够调适自己的处境，变得相当积极。"

因此，一个人的心理问题不论或大或小，当他不再从他的记忆银行取出消极的想法，而单单取出积极的想法时，病症就能治愈。

不要制造心理怪物，要拒绝从你的记忆银行里取出不愉快的想法。每当你回想到任何处境时，要专注在美好的部分，同时把不好的部分忘掉、埋藏。如果你发现你正在想一些消极的念头时，就要完全停止你的思想活动。

这是一项很鼓舞人的重要事实：你的心智的确希望你能忘掉种种不愉快。只要你肯合作，那些不愉快的记忆将会逐渐萎缩，你记忆银行的出纳就会把它们撤销掉。

哈特威博士是一位很知名的广告心理学家，他在评论有关我们的记忆能力时曾说道："一个广告若能引发愉快的感觉，就比较容易被记住。反之，就会让人想忘掉。"

总之，只要我们拒绝去回想那些不愉快的事物，就能轻易地忘掉它们。只从记忆银行取出积极的观念，其余的都让它消逝。如此一来，你的信心就会逐渐扩大成长。当你拒绝去记住那些消极的、自我否定的观念时，你在克服恐惧方面，也迈进了一大步。

积极的记忆对你有益

对于有些人来说，由于他坚定信念和坚韧意志的缺乏，做事情不能够善始善终，所以很多不利的外在因素将会不断出击，迫使他们处于沮丧的心境状态，做出消极的行动。人生犹如大海行舟，需要小心谨慎的精神。如果你不能够积极、主动、全心全意地把握自己的航向，那你就会迷失自我、随波逐流。种瓜得瓜，种豆得豆。我们必须在自己心理和生理的沃土上，播种期望的种子，以避免荒草蔓延。假如我们不能将自己的信念和心境坚定不移地持续下去，那么前途中的荆棘坎坷就会越发恣意肆虐，把我们引向灾祸的深渊。正因如此，我们必须毫不懈怠地守护自己的心灵之门，拥有并保持绩效最佳的积极心境。

我们的心灵沃土不可能只是生长鲜花，还有不少杂草需要我们细细剔除。生活中应经常抱持乐观向上的良好心境，否则，生命中的阴影和困扰将对你死缠硬磨，使你疲于应付，导致恶劣心境。

华顿·艾默生说过："何谓思想？思想就是行为之母。"

正面结果是我们传送积极信息的回报。我们完全能够传送控制自我的意念，为达成目标而人为地制造出看得见、听得着、摸得到的信息，成功便会如期而至。即使在那种成功的机会渺茫甚至毫无机会的情况下，你也能够创造奇迹。最成功的人往往是那些即使身处绝境也绝不轻言放弃或失败的人，他们依旧不断向自己的大脑传送成功的意念，用正面信息不断地激励自己，不达目的，绝不罢休。

美国夏威夷大学橄榄球教练迪

克·汤米也是一位激励高手。他坚信成就是由心境创造的。在一次与怀俄明大学的橄榄球对抗赛中，夏威夷大学的球队在对方的猛攻猛打下，显得手足无措，毫无还手之力。到上半场结束时，以 0：22 的大比分落后，简直是一败涂地，回天乏力。

中场休息的时候，夏大的球员个个灰心丧气，像遭受霜打雪压的青草一样毫无生气活力。汤米冷静沉着地扫视着眼前这一张张沮丧沉重的面孔，知道形势严峻，迫在眉睫，必须改变他们的心境，才能扭转局势。

于是，汤米不动声色地拿出一张海报，这是一张意义非凡的海报。上面收集了多年来的关于球场赛事的文章，每一篇都登载着那些从失球到进球，从无望到有望，从绝境到逢生的球队故事。汤米让球员一一传阅，希望通过这些鲜明、生动、具体、真实的故事重建球员的信心，从而扭转败局。奇迹果然出现了。在下半场，夏大球员个个威风凛凛，势不可挡，完全掌握了球场的主动，牵着怀大的鼻子打，一口气连得 27 分，最终以 5 分的优势战胜怀大。内心储忆的改变，使夏大球员相信了成功的可能，最终得偿所愿。

心境决定行为，而行为反映心境。如果你曾经拥有成功，那么，只要你找回当时的感觉并成功地进入那种心理和生理状态，就能够再创佳绩。

人生在世，草木一秋。很多人都希望过着快乐兴奋、舒适安逸和甜美幸福的生活，这是正常的欲求。试问，谁会有意去经历失败、痛苦、悲伤、烦恼和空虚无聊呢？

因为你的心智的力量可以被控制和牵引，所以，你可以找回成功的自我，累积成功经验，扬长避短。于是，一切自然水到渠成。

畏惧别人是没有理由的

为什么人们会畏惧别人呢？为什么许多人在人群中感到孤立呢？害羞的真正的原因是什么呢？

你可以改变你的畏惧心理，方式之一就是对别人的看法要平衡。

史华兹有一位经营奇木雕饰工厂相当成功的好友，对他解释了自己是怎样学会适当地评价别人的。

"第二次世界大战时，在我进入陆军服役以前，就很怕所有的人。你简直难以想象我是怎样的害羞与胆小。我觉得每一个人都比我聪明，我自己的身体与心理还不够成熟，是个天生的失败者。"

"然而，在命运巧妙地安排下，我不再怕别人了。1942 到 1943 年间，陆军进行一项颇富规模的征兵行动，我很幸运地被任命为某大征兵中心的医官，天天协助各项体检。我对这些新兵看得越多，就变得越不怕别人。"

"上百个新兵站成一列，像傻瓜似的赤身裸体，看起来都是一个样子。

当然，他们有高矮胖瘦，但全都显得迷惑孤单。在几天前，他们有些是刚升迁的年轻经理，有些是农民、推销员、工人，而且有许多事要做。但在征兵中心，每一个人都一样了。"

"当时我发觉这背后有一个人跟我非常相像，他喜欢美食、他很想念家人与朋友、他很想有一番成就、他有他自己的问题、他喜欢放松自己的心情。所以，既然有人基本上很像我，我又何必怕他们呢？"

这不是很有道理吗？既然有人基本上很像我，就没有理由怕他们了。

与其他人相处时，要记住：你和别人一样都是重要的。再强调地说，每一个人都是重要的角色。你也很重要。所以，当你遇到任何人时，要这么想："我们都是两个重要的人物，正坐着讨论有关共同兴趣与利益的事情。"

几个月以前，有一位经理打电话告诉史华兹，他刚聘用一位不久前史华兹推荐给他的年轻人。

"你知不知道那个人是哪一点打动我的？"朋友说。"哪一点呢？"史华兹问道。

"他在自我表现上与众不同。大部分的求职者在进入我的办公室时，都有一些恐慌。他们的回答，都是他们认为我想要听的。说实在的，他们有点像乞丐，他们接受任何事物，毫无主见。"

"但是这位 G 先生却是一个例外。

他尊敬我，但同样重要的是，他也尊敬他自己。更不简单的是，他发问的次数几乎和我问他的次数一样多。他不是像老鼠般的小人物，他是一位有所作为的男子汉。"

这种看重双方的态度能帮助你保持心态的平衡。不必把别人想得比你更重要。他们看起来可能很有分量，非常重要。但是，请记住：在本质上他可能跟你有相同的兴趣、嗜好与问题。

年轻不是畏惧的借口

各种"我太年轻"的借口也会使人心存畏惧，对人造成伤害。

23 岁的杰瑞是一位很好的青年，服役时是一名伞兵，然后进大学读书。在大学读书时，还在一家很有规模的运输仓储公司做推销工作，以维持妻儿的生活。不论是在学校或是在公司，他的表现都非常出色。

但是他那一天很烦恼。"史华兹博士，"他说，"我有个问题。我的公司提升我为销售经理，我将负责监督 8 位推销员。"

"恭喜你，那真是个好消息！"史华兹说，"可是你好像很烦恼。"

"是啊！"他继续说，"我要督导的 8 个人都比我年长 7 岁到 21 岁不等。你说我该怎么办呢？我能处理得很妥当吗？"

"杰瑞，"史华兹说，"你们公司

的总经理显然认为你的年纪够大，否则他就不会给你这份工作。只要记住下面的三点，每一件事情都能圆满地解决。"

"第一，不要去想自己有多大。农场后面有一个男孩在证明他能做大人的工作时，他也就成了大人，而这跟他过了几次生日没有关系。这对你也适用，当你证明你能做好销售经理时，自然就变得够老练。"

"第二，不要利用你的新职权来压你的属下。要尊重他们，询问他们的意见，使他们觉得是在为一个领队而非独裁者工作。这样，那些人就会合作，不会跟你唱反调。"

"第三，要习惯用年长的人为你工作。各行业的领导者都会发现许多属下比他们年长。所以，要习惯使用年长的人，这对你将来面对更大的发展机会时，会大有帮助。"

后来，杰瑞干得很出色。他很喜欢这项运输生意的职业，计划在几年内成立自己的公司。

年轻绝不是一项负担，除非是年轻人自己这么认为。你常会听人说，推销保险之类的工作，要具备看来"相当"成熟的外形。你必须等到头发灰白或秃光了才能赢得投资者的信任。这是完全无稽之谈。真正的关键是你对自己的工作知道了多少。如果你能认识你的工作性质，了解各种人，你就有足够的成熟度来掌握一切。年龄与能力并没有实质的关联，

除非你深信年龄是塑造你形象的唯一要素。

许多年轻人觉得他们被自己的"年轻"拖累了。没错，如果有人怕自己的职位受到威胁，他可能会用"年龄"或其他理由来阻挡你。

但是那些实力派的人物就不会这样做了。他们会把他们认为你能承担的责任，尽量放手交给你。这时你就要积极地发挥你的能力，证实你的"年轻"是一项有利的筹码。

行动可以治疗恐惧

先行动起来，在行动中去检验、完善。

许多人做事都有一种习惯，非等算计到"万无一失"，才开始行动。其实，这是"惰性"在作祟，周密计划只不过是一个不想行动的借口。首先，生活中、工作中的目标，并非都是"生死攸关"，即使贸然行动，也不会有什么大不了的事发生；其次，目标是对未来的设计，肯定有许多把握不准的因素，目标是否真的适合自己，其可行性如何，也只有行动才是最好的检验。"行动是检验真理的唯一标准"、"穿上鞋子才知道哪里夹脚"都能证明这一论点。没有行动，心态不可能积极，目标不可能清晰。

行动确实可以治疗恐惧。史华兹博士提到以下这个例子。

曾有一位40出头的经理人员苦恼

地来见我。他负责一个大规模的零售部门。

他很苦恼地解释："我怕会失去工作了。我有预感我离开这家公司的日子不远了。"

"为什么呢？"

"因为统计资料对我不利。我这个部门的销售业绩比去年降低了7%，这实在很糟糕，特别是全公司的总销售额增加了6%。而最近我也做了许多错误的决策，商品部经理好几次把我叫去，责备我跟不上公司的进展。"

"我从未有过这样的光景。"他继续说，"我已经丧失了掌握局面的能力，我的助理也感觉出来了。其他的主管觉察到我正在走下坡路，好像一个快淹死的人，这一群旁观者站在一边等着看我一点一点没顶。"

这位经理不停地陈述种种困局。最后我打断他的话问道："你采取了什么措施？你有没有努力去改善呢？"

"我猜我是无能为力了，但是我仍希望会有转机。"

我反问："只是希望就够了吗？"我停了一下，没等他回答就接着问："为什么不采取行动来支持你的希望呢？"

"请继续说下去。"他说。

"有两种行动似乎可行。第一，今天下午就想办法将那些销售数字提高。这是必须采取的措施。你的营业额下降一定有原因，把原因找出来。你可能需要来一次廉价大清仓，好买进一些新颖的货色，或者重新布置柜台的陈列，你的销售员可能也需要更多的热忱。我并不能准确指出提高营业额的方法，但是总会有方法的。最好能私下与你的商品部经理商谈。他也许正打算把你开除，但假如你告诉他你的构想，并征求他的忠告，他一定会给你一些时间去进行。只要他们知道你能找出解决之道，他们是不会换掉你的。"

我继续说："还要使你的助理打起精神，你自己也不能再像个快淹死的人，要让你四周的人都知道你还活得好好的。"

这时他的眼神又露出勇气。

然后他问道："你刚才说有两项行动，第二项是什么呢？"

"第二项行动是为了保险起见，去留意更好的工作机会。我并不认为在你采取肯定的改善行动，提升销售额后，工作还会不保。但是骑驴找马，比失业了再找工作容易10倍。"

没过多久这位一度遭受挫折的经理打电话给我。

"我们上次谈过以后，我就努力去改变。最重要的步骤就是改变我的销售员。我以前都是一周开一次会，现在是每天早上开一次，我真的使他们又充满了干劲，大概是看我有心改革，他们也愿意更努力。"

"成果当然也出现了。我们上周的营业额比去年高很多，而且比所有其他部门的平均业绩也好得太多。"

"喔，顺便提一下，"他继续说，"还有个好消息，我们谈过以后，我就得到两个工作机会。当然我很高兴，但我都回绝了，因为这里的一切又变得十分美好。"

"行动具有激励的作用，行动是对付惰性的良方。"

你也根本不必先变成一个"更好"的人或者彻底改变自己的生活态度，然后再追求自己向往的生活。只有行动才能使人"更好"。因此最聪明的做法就是向前，进而去实现自己所向往的目标，想做什么就去做，然后再考虑完善目标。只要行动起来，生活就会走上正轨而创造奇迹，哪怕你的生活态度暂时是"不利的"。

正如英国文学家、历史学家狄斯累利所言："行动不一定就带来快乐，但没有行动则肯定没有快乐。"

犹豫只能扩大恐惧

常常听到这样一些话：别急，让我再想想，再等一等，再看一看……说这些话的时候，人们总是摆出一副自以为是的"成熟"和"稳重"。然而事实上，那不是成熟，也不是稳重，那是犹豫，是害怕，是推脱。

一张地图，不论多么详尽，比例多么精确，它永远不可能带着它的主人在地面上移动半步；一个国家的法律，不论多么公正，永远不可能防止罪恶的发生；任何宝典，永远不可能创造财富。只有行动才能使地图、法律、宝典、梦想、计划、目标具有现实意义。行动，像食物和水一样，能滋润你，使你成功。

拖延使你裹足不前，它来自恐惧。现在你从所有勇敢的心灵深处，体会到这一秘密。你必须知道，要想克服恐惧，必须毫不犹豫，起先行动，惟其如此，心中的慌乱方得以平定。

你要记住萤火虫的启迪：只有在振翅的时候，才能发出光芒。你要成为一只萤火虫，即使在艳阳高照的白天，你也要发出光芒。别人像蝴蝶一样，舞动翅膀，靠花朵的施舍生活，而你要做萤火虫，照亮大地。

别把今天的事情留给明天，因为你永远无法预知明天的确切情况是怎样的。现在就去行动吧！即使你的行动不会带来快乐与成功，但是动而失败总比坐而待毙好。行动也许不会结出快乐的果实，但是没有行动，所有的果实都无法收获。

立刻行动。从今往后，你要一遍又一遍，每时每刻重复这句话。直到成为习惯，好比呼吸一般，成为本能，好比眨眼一样自然。有了这句话，你就能调整自己的情绪，迎接失败者避而远之的每一次挑战。

你现在就必须付诸行动。

你要一遍又一遍地重复这句话。

清晨醒来时，失败者流连于床榻，你却要默诵这句话，然后开始行动。

面对紧闭的大门时，失败者怀着

恐惧与惶惑的心情，在门外等候，你却要默诵这句话，随即上前敲门。

只有行动才能决定你在人生战场上的价值。若要提升你的价值，你必须更加努力。你要前往失败者惧怕的地方，当失败者休息的时候，你要继续工作。失败者沉默的时候，你开口说话。在失败者认为时已晚时，你要能够说大功告成。

现在是你所拥有的。明日是为懒汉保留的工作日，你并不懒惰；明日是弃恶从善的日子，可你并不邪恶；明日是弱者变为强者的日子，可你并不软弱；明日是失败者借口成功的日子，可你并不是失败者。

你是雄狮，你是苍鹰，饥即食，渴即饮。除非行动，否则没有退路。

你渴望成功、快乐，获得心灵的平静。除非行动，否则你只会陷入失败、不幸，在夜不成眠的日子中死亡。

成功不是等待。如果你迟疑，她会投入别人的怀抱，永远弃你而去。

此时，此地，此人。

你现在必须付诸行动。

采取行动总会有转机

当我们遇到棘手的问题时，便会消沉不起，除非采取行动，否则不会有转机。"希望"是个开端，但要靠行动才能赢得胜利。

希望获得胜利的人，要遵循"行动可以治疗恐惧"的原则。

下次，当你遇到恐慌，不论轻重，要先镇定。然后寻找下面这个问题的答案：

"我该采取什么行动才能克服恐惧？"

隔离恐惧，然后采取适当的行动吧。下面列出的是一些常见的恐惧，以及可能的医治行动：

当你为仪表感到羞窘时，你要改进它。到理发厅或美容院去；擦亮皮鞋；洗净熨烫衣服。也就是要看来整齐清爽，这并不一定需要新衣服。

当你怕失去一位重要的客户时，你应加倍努力提供更好的服务，改进任何会使客户对你丧失信心的缺点。

当你怕考试不及格时，你要把烦恼的时间用来学习。

当你怕事情会完全超出你的掌握时，你要将注意力转到全然不同的事情上。例如到后院拔草、跟孩子一起玩、看场电影等。

当你害怕一些无法控制的事情，像暴雨突至或飞机失灵时，要将注意力转移，去了解别人的恐惧。

当你怕别人会怎么想，怎么说时，如果确信你计划要做的事是正确的就去做。你要知道，任何人做任何有价值的事，都会有人批评的。

当你不敢投资某项事业或买房子时，分析各种因素，然后下定决心，并且坚持到底。要相信你自己的判断。

当你对人感到恐惧时，要给他们适当的评价。要记住：其他人只是跟

你很相像的另一个人。

以下两个步骤可医治恐惧，建立信心：

第一，隔离恐惧，并防止它再扩大，还要搞清楚你到底在怕什么。

第二，采取行动。你要相信，每一种恐惧都有一套方法可以对付。

要记住：犹豫不决只会扩大恐惧。所以要果断，要立刻采取行动，尽量在行动中消除恐惧。

自信可以消除恐惧

心理学家克莱恩博士在他所著的《应用心理学》中曾经提到："要记住，行动引导情绪。人无法直接控制情绪，一定要先透过选择性的行为举止……"

这种避免一般性悲剧（例如婚姻问题和误解）的说法，有心理学的事实根据。许多心理学家都会告诉我们，我们能借着改变实际行动，来改变我们的心态。例如，如果你使自己发笑，你就会觉得真的很好笑；当你挺直脊背时，你就会觉得自己很优秀；相反地，你若扮一副苦瓜脸，看看会不会真的感到很愁苦。

要证明控制过的行动能改变情绪很容易。有信心的行动会产生有信心的想法。

所以，要有信心的思考，就要先有行动。要照你希望感觉到的方式来行动。以下5种方法会建立你的信心。

一、挑前面的位子坐。你是否注意到，不论在教堂、教室或各种聚会中，后面的座位是怎么先被坐满的吗？大部分占据后排座位的人，都希望自己不会"太醒目"，而他们怕受人瞩目的原因就是缺乏信心。

坐在前座能建立信心。把它当成一个规则试试看，从现在开始就尽量往前坐。当然坐前面会比较显眼，但要记住，有关成功的一切都是显眼的。

二、练习正视别人。一个人的眼神可以透露出许多有关他的信息。一个人不正视你的时候，你会直觉地问自己："他想要隐藏什么呢？他怕什么呢？他想对我不利吗？"

不正视别人通常意味着："在你旁边我感到很自卑。我感到不如你。我怕你。"躲避别人的眼神也意味着："我有罪恶感。我做了什么我不希望你知道的事，我怕接触你的眼神，你就会看穿我。"这都是一些不好的信息。

正视别人等于告诉他："我很诚实，我光明正大。我相信我告诉你的话是真的，毫不心虚。"

要让你的眼睛为你工作，也就是专注别人的眼神。这不但能给你信心，也能为你赢得别人的信任。

三、把你走路的速度加快25%。史华兹曾回忆说，当他还是少年时，到镇中心是很大的乐趣。所有差事都办完，坐进汽车后，母亲常会说："大卫，我们坐一会儿，看看过路的行人。"

他的母亲是位绝妙的玩游戏的专

家。她曾说："看那个家伙，你认为他正受到什么困扰呢"或"你认为在那边的那位女士要去做什么呢"或"看看那个人，他似乎感到很迷惑呢"。

观察行人实在是一种乐趣。这比看电影便宜得多，也更有启发性。

史华兹常常借着观察在走廊、会客室的通道，或是人行道上走动的人来研究人类行为。

许多心理学家将懒散的姿势与缓慢的步伐跟对自己、对工作以及对别人的不愉快的感受连在一起。但是心理学家也告诉我们，借着改变姿势与走路速度，可以改变心态。你若仔细观察就会发现，肢体语言是心灵活动的表现。那些遭受打击、被排斥的人，走路都拖拖拉拉很散漫，完全没有自信。

普通人都有"普通人"走路的模样，看起来像："我并不怎么以自己为荣。"

另一种人则表现出超凡的信心，走起路来比一般人快，像是在短跑。他们的步伐告诉这个世界："我要去一个重要的地方，去做很重要的事情。更重要的是，我会在15分钟内成功。"使用这种"走快25％"的技术，可助你建立信心。抬头挺胸走快一点，你就会感到自信心在增长。

四、练习当众发言。有很多思维敏锐、天资高的人，都无法发挥他们的长处参与讨论。并不是他们不想参与，只是因为他们缺少信心。

在会议中沉默寡言的人都认为：

"我的意见可能没有价值，如果说出来，别人可能会觉得很愚蠢，我最好什么也不说。而且，其他人可能都比我懂得多，我不要他们知道我是怎样的无知。"

每当这些沉默寡言的人不愿发言时，他就又中了一次缺乏信心的毒素，他会越来越丧失自信。

如果尽量发言，就会增加信心，下次也更容易发言。所以，要多发言，这是信心的维生素。不论是参加什么性质的会议，每次都要主动发言，也许是评论，也许是建议或提问题，都不要有例外。而且，不要最后才发言。要做破冰船，第一个打破沉默。也不要担心你会显得很愚蠢。不会的。因为，总会有人同意你的见解。所以不要再对自己说："我没什么好意见提出来。"留心去获得会议主席的注意，好让你有机会发言。

五、咧嘴大笑。大部分的人都知道笑能给自己很实际的推动力，它是信心不足的良药。但是仍有许多人不相信这一套，因为在他们恐惧时，从不试着笑一下。

做一下这个试验。试着感到挫败，同时大笑。你若尝试大笑，就可以给自己信心，驱除恐惧、忧虑和沮丧。

真正的笑不但能治愈自己的不良情绪，还能马上化解别人的敌对情绪。如果你真诚地向一个人展颜而笑，他实在无法再对你生气。一次，史华兹开车停在十字路口红灯前，突然

"砰!"一声,原来后面那位驾驶员的脚滑开刹车器,撞到他的车后面的保险杠上。史华兹由后视镜看到他下车,也跟着下车,完全忘了书中的道理,准备要好好地痛骂他。

但是很幸运,他还来不及发作,那个人就走过来对他笑,并以最诚挚的语调对史华兹说:"朋友,我实在不是有意的。"他的笑容和真诚的道歉把史华兹的怒气融化了,只有低声说着:"没有关系,这种事经常发生。"眨眼之间,他的敌意就变成了友善。

咧嘴大笑,你会觉得"美好的日子又来了"。

行为端正可以治疗恐惧心理

史华兹认为,当你走得正、行的端时,你就没有必要恐惧。以下是他的一次亲身经历。

几年前的某一天,当我正批阅学生的考卷时,改到一位令我困扰的学生的试卷。这位学生在以前的几次讨论与测验中,显示出他的实力比这份试卷要好得多。事实上,我认为他在课程结束时会名列前茅。可是他的试卷显然会使他垫底。碰到这种情况,我会照惯例叫秘书找他来跟我谈。

不多久保罗就来了,看起来好像刚遭到一场可怕的经历。等他坐定,我便对他说:"保罗,你是怎么啦?这实在不是你该有的成绩。"

保罗显出内心的挣扎,看着他自己的脚回答:"先生,当我看到你瞧见我在作弊以后,都要崩溃了,根本无法集中精神去做任何事。老实说这是我在大学第一次作弊。无论如何我一定要得到甲等成绩,所以我暗地里偷查了一本参考书。"

此时,保罗开始诉说这次事件会为他的家庭带来的耻辱,会毁了他的一生,以及其他种种不良后果。最后我说:"停一下,先让我解释。我并没有看到你作弊。在你进来谈话以前,我根本不知道这就是问题所在。你这种行为实在令人遗憾。"

然后我继续说:"保罗,告诉我,你到底想要从你的大学生活里学到什么?"

他现在比较冷静了,停了一下便说:"我想我最终的目的是要学习如何生活,但是我想我败得很惨。"

我告诉他:"我们可经由各种方法来学习,我想你一定能够从这次经验中得到教训。"

"当你在作弊时,你的良知就会严重困扰你,使你有罪恶感,结果这种罪恶感摧毁了你的信心。就像你说的,你都要崩溃了。"

"保罗,是非判断多半是根据道德或宗教的观点。我现在并不是要跟你说教,教你明辨是非。可是我们来看看它实际的一面。当你做任何违反良心的事情时,罪恶感就会阻塞你的思考过程,使你无法顺畅地思考,因为你内心会不时地问:'我会不会被逮到？我会不会被逮到？'"

"保罗，"我继续说，"你是这样迫切地要得甲等成绩，才会做出违反良知的事。同样地，在你一生中，也会遇到许多你迫切想要获得甲等成就的情况，而试图去做一些有违良心的事。例如，有一天你可能会迫切地想促成一项交易，而不择手段地诱使客户掏腰包。这样做成功的机会可能很大，但会产生什么结果呢？罪恶感会缠住你，等你再碰到这位顾客时，你会感到很不自在，怀疑他是否已发现你动了手脚。你的表现也因为心神不定而乱成一团，很可能就无法再做第二、第三、第四笔接连而来的生意。结果，使用诈术做成的生意反而挡了许多财路。"

我继续告诉保罗，一位曾显赫一时的社交名流，因为深深恐惧他的太太会发现他有外遇而心神不定，并且销蚀了他的信心，什么事都做不好。

我也提醒保罗，许多犯人被捕，并不是因为他们留下什么线索，而是他们表现得像是有罪的样子。他们的罪恶感使他们被列入嫌疑犯名单。

我们每一个人都有向善的意愿。当我们违背这种意愿时，就等于把癌细胞放进自己的良知里吞噬信心，并逐渐蔓延。因此，要避免去做任何会使你自问"我会被逮到吗？他们会发现吗？我能摆脱吗？"的事情。

绝不要为了得到甲等成绩而破坏自己的信心。

我很高兴地在此指出，保罗此时已经了解正当行事的实际价值了。接着我建议他坐下来重考。然后回答他担心的"会被退学"的问题。我说："我很清楚校方的规定。但是，如果我们把用各种方法作弊的学生全部开除，就有一半的教授会跟着失业。如果把有作弊念头的学生全部开除，学校就要关门了。"

"所以，如果你帮我一个忙，我就会忘掉这件事情。"

"我很乐意。"他说。

我走到书架旁取出一本书《金科玉律伴我50年》说："保罗，把这本书读完再还我。看看作者是怎样靠正当行事而成为美国最富有的人物之一的。"

"行事正当"能使你的良知获得满足，因而建立自信。"行事乖谬"会导致两种消极的结果：第一，罪恶感会腐蚀我们的信心。第二，别人迟早会发现而不再信任我们。

这个心理学原则值得反复细读：要建立信心，就要行为端正。

化恐惧为力量

"恐惧"是人类成功最大的敌人，一旦你克服恐惧心理，你就会产生无比强大的力量。

有很多人怕水，不敢学游泳，不幸遇到水灾而丧失生命；很多人害怕赔钱而不敢创业，因而无法出人头地，失去赚大钱的机会；很多人害怕念书太辛苦，于是一事无成；很多人害怕被女朋友拒绝，于是不敢谈恋爱。不敢这不敢那，找很多理由解释他害怕的原因。

潜能激励大师安东尼·罗宾在他的《一生的动力》中提到一个著名的"渡火试验"，这一课程叫"化恐惧为力量"，要求每个学员光着脚走过一块被烧红的温度高达几百度的木炭，在走火之前，每一个人都担心自己会走不过去，甚至害怕自己会被烧伤，而丧命于此。于是安东尼·罗宾当天晚上花了很长一段时间来帮助几千人能安然无恙地走过火堆。

有位学员描述了他当时的情境：那次他特地排在一个小女孩后面，心想："如果她走得过，我也应该走得过。"

然后走火开始，数百人走了过去，脚部安然无恙。他见状隐隐增强了一些信心。

接着，当他发现前面的女孩双脚不停发抖时，信心又动摇了，就在这时，旁边的辅导员大喊一声："走！"那名女孩竟大踏步走了过去。他心想："她可以，我也一定能。"接着他也信心十足毫不费力地走过去了。

顺利走过之后，第一个念头是：走火竟然这么简单！

当每个人走过火堆之后才知道一个信念："假如我不能，我就一定要；假如我一定要，我就一定能。"

的确，有很多事情看起来都很困难或不可能，但是只要你下定决心一定要完成的时候，它们都变得简单。

没有什么事情是做不到的，害怕只是一种心理现象，实际并不存在。只要大胆地去做你所惧怕的事，你惧怕的感觉将消失不见，最可怕的往往是"可怕"本身。

要克服恐惧，你要先想想你害怕的是什么？让你的思想浮现出你所害怕的情景，你必须把它找出来，使劲地看清楚一点，你所害怕的事情真的是那么可怕吗？仔细地想一想，假如你克服不了这种恐惧，那种失败的样子是很令人苦恼的。然后在头脑里面不断想像自己克服这种恐惧的情景，不断地克服恐惧之后的成功是多么令你兴奋！然后你将发现你非常想要得到的结果，接着不断重复这样的画面，你将发现原来所害怕的事情并不像想像的那样可怕，而你自己也一定能有所突破。

将自己的障碍化成自己的力量，这就是成功者。

第四章　拓宽你的思想领域

> 唯一的结论是：你比你想象中的还要伟大。所以，要将你的思想扩大到你真正能达到的程度，绝不要轻视自己。
>
> ——诺曼·皮尔《创造人生奇迹》
>
> 世界本来是属于我们的，只要我们抹去身上的浮灰，无限的潜能就会像原子反应堆里的原子那样充分爆发出来，我们就一定会有所作为，创造奇迹！

在泰国曼谷有一座寺庙，它规模不大，面积大约只有 100 平方米。但当人们一踏进庙门，立刻就会被眼前的景象惊呆：在他们的面前赫然矗立着一座 3 米多高，浑身上下全由黄金铸造的实心佛像，它的重量足有 2.5 吨，价值足有 1.96 亿美元之巨！这尊黄金佛像面带微笑，俯视着前来参拜他的芸芸众生，目光中充满了仁爱与慈祥，但又不失庄重与威严。无论什么人仰望着它，心中总会油然而生一种莫名的震撼。

据史料记载，几百年前，缅甸军队曾派兵攻打当时称为遢罗的泰国。遢罗的和尚们意识到他们的国家即将陷入战乱，于是趁敌军来袭之前，就将一些珍贵的物品妥善藏匿，只有这尊体积庞大、重量惊人的纯金佛像无

法藏匿。在危急的关头，寺中的方丈想出了一条妙计，就是用厚厚的黏土覆盖在黄金佛像的表面上，以免黄金佛像被缅甸军队掠走。就这样，这座价值连城的佛像被完整地保存了下来。

几百年后的 1957 年，泰国政府决定在曼谷市内兴建一条高速公路，正好从位于某路段上的一间寺庙中穿过。因此，该寺庙不得不整体迁移，寺内的和尚们只得将庙中的佛像放置到其他地方。但是其中有一座黏土造的佛像体积庞大、重量惊人，搬运起来困难重重。当起重机吊起这个庞然大物的时候，它开始出现了裂缝。更为糟糕的是，此时又下起了倾盆大雨。寺内的方丈为了不让神圣的佛像再受到损害，便决定先将佛像放回原处，然后用巨大的防水帆布严严实实地覆盖

在上面，以免遭受雨水的侵袭。

那天晚上，方丈拿着手电筒，来到佛像那里巡视。他掀开帆布，仔细检查，看看佛像有没有被雨水淋湿。当灯光照射到裂缝处时反射回一道奇异的光芒，方丈立即爬到裂缝处仔细检查，他隐约觉得裂缝下面有些异样，怀疑这层泥下面藏有别的东西。于是，他立马跑回庙中取来了凿子和榔头，从裂缝处开始小心翼翼地凿去佛像表面的土层。随着土块的不断剥落，原来很细小、很微弱的反光变得越来越大、越来越耀眼了，金光闪闪的物体逐渐地显露出来。经过几个小时不停地敲呀、凿呀，当方丈气喘吁吁地凿下最后一片土块时，这座纯金铸造的佛像终于重见天日。

这段历史令人回味，然而它更会给人某种启示：我们每个人都像那座泥佛像，由于对未知世界的恐惧，便给自己裹上一层厚厚的壳。然而在壳的下面却有一个"金菩萨"，那才是真正的自我。从少儿时，我们就学会了将内心中那个如黄金般纯真的自我深深隐藏起来，现在我们应该做的是像那位方丈那样，拿起凿子，凿去我们身上那层厚厚的壳，重新展露我们纯真的本质、真实的自我。

绝不要轻视自己

你是否曾经问过自己："我最大的弱点是什么？"

人类最大的弱点可能就是自贬，亦即廉价出卖自己。这种毛病以数不尽的方式显示。例如，约翰在报上看到一份他喜欢的工作，但是他没有采取任何行动，因为他想："我的能力恐怕不足，何必自找麻烦？"

吉姆想要与琼约会，但是他没有打电话约她，因为他认为自己配不上她。

汤姆觉得理查先生可能是他产品的好主顾，但是汤姆并没有去拜访理查先生，因为他觉得理查先生是个大人物。

彼得填写求职表中的一项问题——"你希望起薪是多少"时，写下一个很低微的数字，因为他觉得自己不值得他想要的较大金额。

几千年来，很多哲学家都忠告我们：要认识自己。但是，大部分的人都把它解释为"仅认识你那消极的一面"。大部分的自我评估都包括太多的缺点、错失与无能。

认识自己的缺失是很好的，可借此谋求改进。但如果仅认识自己的消极面，就会陷入混乱，使自己变得没什么价值。

实际上，每个人都有很多优点，很多才能。这里想做的事情就是帮助你看清楚你自己的优点，或是帮助你培养自己的优点。

这些优点是成功的关键。等到你对自己的态度转为积极，看出自己的贡献是什么时，你便开始迈向成功。

你的特质和你的成功是分不开的，要知道你的优点以及积极的态度正是你特质的一部分。

以下的练习可帮助你正确地衡量自己。

一、确定你自己的 5 项主要资产。可请一些客观的朋友来帮助你。例如，你的太太、你的长辈或教授，只要他们能明智忠实地提出意见。（通常被列出的资产项目有教育、经验、技能、仪表、和谐的家庭生活、处世态度、品行、干劲。）

二、在每一项资产下，写出 3 位已经获得重大成就的人物，但是这 3 个人在这项资产上仍比不上你。

这时，你就会发现你至少有某一项资产比许多成功者强。

人的潜能犹如一座待开发的金矿，蕴藏量无穷，价值无比，事实上我们每个人都拥有一座潜能金矿。

大自然赐给每个人巨大的潜能，但由于没有进行各种智力训练，每个人的潜能似乎尚未得到淋漓尽致的发挥。大多数人命里注定不能成为爱因斯坦式的人物，但可以说，任何一个平凡的人都可能成就一番惊天动地的伟业。人人都是天才，至少天才身上的特质都可以在普通人身上找到萌芽。

世上每个人都是不同的个体，每个人身上都蕴藏着一份特殊的才能，那份才能犹如一位熟睡的巨人，等着我们去唤醒它，而这个巨人就是潜能。上天决不会亏待任何一个人，他会给我们每个人无穷无尽的机会去充分发挥特长，只要我们能将潜能发挥得当，我们也能成为爱因斯坦，也能成为爱迪生。无论别人如何评价我们，无论我们年纪有多大，无论我们面前有多大阻力，只要相信自己，相信自己的潜能，就会有所成就。事实上，世界本来属于我们，只要抹去身上的浮灰，无限的潜能就会像原子反应堆里的原子那样充分发挥出来，我们就一定会创造奇迹，有所作为！

唯一的结论是：你比你想像中的还要伟大。所以，要将你的思想扩大到你真正能达到的程度，绝不要看轻自己。

透彻地了解自己

人类社会不断进步，世界文明不断发展，地球上的奥秘逐步被发掘，但时至今日，依然有许多重大任务等待我们去接受挑战。因此，对于本身能力的充分了解，就显得相当重要了。

有人可能会说——我追求的生活是平凡、平安，了不了解自己的能力，那是无关紧要的。不错，在安逸的环境中，自然会丧失敏锐的警觉性，但须知在人生的历程中，任何难题都可能会遇到，而且需要亲自去处理，这时是否清楚地认识自己，其结果将会有很大的差别。

不了解自己的人，不仅无法正确地选择属于自己的人生道路，而且在

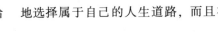

处理事情时，也无法以客观的态度去衡量。因此，可能使原本应坚持到底的事，在遭遇一点挫折时，就丧心丧志，轻易放弃，从而也造成终生的遗憾。

但真要认识自己，岂是想象中的那么容易。有些人花了一辈子的时间，仍旧不了解自己，而留下许多徒叹"失之交臂"的遗憾呢！所以，应常为自己安排思考的时间，以冷静客观的态度，来彻底地了解自己。

千万不要忽视了这样的小节，虽然只是片刻的静思，但是在忙碌的日子中，能享受这般涤尽万虑的时刻，既是人生中的一大乐事，而它的偶得，更是生命中的启发。你可能因此对自己有了更深的认识，因此而勇敢地跨出脚步，对于整个人类来说，这可能是微不足道的一小步，但却是个人生命中的一大步。

数十年来，社会科学家一直在警告我们，这个实行专业化生产的社会将导致人性的泯灭。古往今来的哲学家一直在鼓励我们，要认识自己，但是他们却没有给我们提供实际的指导，以至于我们不能真正地了解自己，从而产生力量，去改变我们的命运。

一个普遍问题在折磨着文明人，那就是他的自我认识危机。在某种程度上，这也是所有受等级组织影响的人所面临的一个问题。人的自我意识，是人对自己的理解、对世界的看法和对理想生活方式的设想的综合。一旦

确立了强烈的个人认同感，人们就能避免精神崩溃，建立起自尊的基础。你的自尊，基于你能完成某种对于你个人非常重要的事的自信，也使你深信你是一个很有价值的人。一旦你有了自尊，你就获得了开拓创造性的生活的能力，从而实现自己的生活目标。

富于创造力的生活，能够解放你的想像力，帮你寻找解决问题的方法，并能改造你的生活，实现你的理想。这样，你就会听从真实自我的指挥，尊重自己的意志，不受内在的冲突和困惑的限制。

事实上，有谁能对自己的成就无动于衷呢？一般人一朝成功，往往志得意满，而不知继续追求新知以充实自己。假若你第一次成功，就沉溺于胜利的喜悦，那么可能就会毁灭于笑声的浪潮中。

精益求精，更上一层楼，乃是人类进步的原动力。不仅对自己以往的成就要有突破的心理，仰望前人的功绩时，也不能一味模仿他们的行径，应以自己独特的做法，创出更好的成绩。

虽然完成了一件事，但不要因此自满。等待你去实行的事情还多着呢！你不但没有时间萌生满足的念头，还会激起"百尺竿头，更进一步"的欲望。

不能拘泥于现在

思想远大的人训练自己不单看现

状，还要注意未来的发展性。以下例子可以说明这项事实。

一位从事乡村房地产生意相当成功的经纪人表示，如果我们训练自己能看到目前不存在的事物，就会有所成就。

"这附近大部分的土地，"他说，"都很荒僻，缺乏吸引力。我之所以能够成功，是因为我推销的并不是农场本身。"

"我整个销售计划都是有关农场未来的发展性。如果只告诉顾客'农场占地 X 亩，拥有 Y 亩的树林，距市镇 Z 里'，是无法打动他的购买欲望的。但是如果你告诉他一个利用农场的具体计划，他就很可能被你说动。"

他打开手提箱取出一份资料说："这个农场是我们刚接手的，跟许多其他的个案都很相像。这个农场离市中心有 43 英里，房屋破旧，农田也荒废了 5 年。上个星期我花了整整两天的时间来研究这件事。我到农场走了很多遍，仔细观察邻近的农场，研究农场跟现有以及计划中的高速公路之间的位置关系。然后问自己：'这个农场怎么运用才好呢？'"

"我想出 3 种可能，就是这些。"他拿了出来。每一份计划都打得很整齐，而且看起来很详尽。其中一项计划是将农场改建为骑马场。构想很成熟，因为该市正在成长，喜好户外运动的人士越来越多，人们用在娱乐方面的花费也越来越多，而且道路很通达。计划中也指出，该农场能豢养大

量的马匹，使骑马活动带来可观的净利。这整个创意实在是很完整、很有说服力，使人好像已经"看到"一群游客正在骑马穿越树林。

这位极富创意眼光的推销员也以类似的形式定出第二个林场计划，以及第三个家禽林场的综合经营计划。

"我跟顾客谈话时，不一定要说服他们相信这个农场值得买。我会帮助他们看到一座农场变成赚钱的机会的画面。"

"除了更快卖出较多的农场外，我还能比别的竞争者卖出更高的价码。通常人们愿意对附加创意的房地产付出比单纯的房地产更多的金钱。因此，有更多的人要把他们的农场托给我卖，而我的每一笔销售佣金也比别人高。"

这件事的道理就是，观察事情不可只看现状，还要能看出未来的可能发展。预见未来能增加的每一件事的价值。思想远大的人总是能预见未来，他不会拘泥现状。

史华兹还举了一位盲目的牛奶送货员的例子。

几年前，有一位年轻的牛奶送货员到我们家门口推销业务。我们已经订了，便建议他到隔壁那家去跟那位女士谈一谈。

他答道："我已经跟那位女士谈过了，但是他们每两天才喝 4 瓶牛奶，这个数量显然太小，不值得我为他们服务。"

"也许，"我说，"但是当你跟我

的邻居谈话时，是否注意到他们家的牛奶需求量将会在大约一个月以后大量增加呢？他们将会有新生的子女，会消耗大量的牛奶。"

这位年轻人愣住了，然后说："怎么会有人愿意替他们服务？那太划不来了。"

今天，那个每两天才饮用4瓶牛奶的家庭，向一位较有远见的牛奶送货员订购两天7瓶牛奶。他们第一个小孩是男孩，这个小男孩有了两个弟弟与一个妹妹。而且不久以后又会有一个婴孩诞生。

一般人常常都是这么短视、盲目。所以要看未来可能的发展，不要只看现况。

没有什么是一成不变的，事情总会向着你预期的方向发展，关键是要把目光放得长远。

许多开车经过所谓"陋街"的人，看到的只是颓废、残破、毫无生机的景象。可是少数有心人却能看到别的——他们看到了一个重建的市镇。由于他们能见到这种景象，便能在各方面做出很优异的重建工作。

建立思想远大者的词汇

有些人说话喜用艰涩难懂的成语字汇，表示自己广思博学，但衡量真正学识程度的标准应该是看你怎样运用字汇，巧妙、有效地把意念表达出来。

遣词用句就像一部投影机，把心里的意念投射出来，创造出的画面就决定了你和别人的反应。

比如，你对一群人说："很遗憾，我们失败了。"他们会看到什么画面呢？他们真会"看到"你所说的"失败"这个字眼所传达的打击、失望和忧伤。但如果你说："我相信这个新计划会成功。"他们就会感到振奋，准备再次尝试。

假如你说："我们遇到了问题。"你在人们心中制造出的画面就是令人不悦的困境。但若改口说："我们正面对一项挑战。"你就会创造出很刺激的游戏或运动的画面，让人乐意参与。

如果你说："这会花一大笔钱。"人们看到的就是钱流出去回不来。反过来说："我们做了一个很大的投资。"人们就会看到利润滚滚而来，那是很令人开心的画面。

总的来说，思想远大的人很善于在自己和别人心中，创造出乐观积极、富有展望性的画面。要想有远大的思想，使用的词句必须能在人心中制造积极向上的画面。

以下四种方法可帮助你建立思想远大者的字汇：

一、使用伟大、积极、愉快的语句来描述你的感受。当有人问你："你今天觉得怎样？"你若回答说："我很疲倦。"（或"我头疼"、"但愿今天是周末"、"我感到不怎么好"）你就会觉得更糟糕。你要练习做到下面这一点，它很简单，却有无比的威力。每当有人问："你好吗?"或"你今天觉得怎样?"要回答："好极了。谢谢你，你呢?"等话语。在每一种时机说你很快活，就会真的感到快活，而且会觉得更有分量。这会为你赢得不少朋友。

二、要使用明朗、快活、有利的字眼来描述别人。当你跟某人谈论第三者时，你要用建设性的语句来称赞他，比如："他真是一个很好的人。"或"他们告诉我他做得相当出色。"绝对要避免说破坏性的话，因为第三者终究会得悉你的批评，结果这种话会反过来打击你。

三、要用积极的话鼓励别人。只要有机会，就去称赞别人。每个人都渴望被称赞，所以每天都要特意对你的妻子或丈夫说出一些好话，要注意并称赞跟你一起工作的伙伴。真诚的赞美是成功的工具，要不断使用它。

四、要用积极的话对别人陈述计划。当人们听到类似"这是个好消息，我们遇到了绝佳的机会……"的话语时，心中就会升起希望。但是当他们听到"不管我们喜不喜欢，我们都得做这项工作"时，他们的内心就会产生出沉闷、厌烦的情绪，他们的行动反应也跟着受影响。所以，要应许胜利，才会看到别人闪亮的眼神，才会赢得别人的支持。要建造城堡，不要挖掘坟墓。要注重未来的发展，不是只为现状所束缚。

你比你想象中更伟大

自我心像是人类思想和行为的关键，它可以限制个人成就的范围，以及界定你可以做和不可以做的事情。充分而真实地扩展自我心像，可以增加个人新的能力、新的才华，甚至反败为胜。

自我心像是我们对"我是什么样的人"的认识，是从我们对自己的"信念"中建立起来的。但是大部分的信念都是无意间得来的，它与我们过去的经验、我们的成功或失败、我们的委屈、我们的得意，以及别人对我们的态度有关，而幼年的经历是影响最大的。自己的观念一旦融入这个心像，就会变得很真实，我们不考虑它的对错，把它当做真的一样奉命行事。

自我心像是开启新生活的金钥匙。

你所有的行动、情感、行为以至于能力，都与自我心像一致。

简言之，你的言行正像你自己以为的那种人，不仅如此，你还真无法表现出别的行为来呢。自认为"处处倒霉的人"，即使有高尚的目标和坚强的毅力，即使好机会迎面而来，最后都有可能会失败。

例如，一个学生自认为功课很差，或数学很糟糕，他的成绩单一定可以证明他想得不错。如果一个少女认为没有人喜欢她，学校开舞会时真的就没有人会邀请她，她的愁眉苦脸、她的自卑模样、她对于别人的巴结和对于可能冒犯她的人所表现的敌意，把人统统吓跑了。同样地，一个推销员的遭遇也会证明他的自我心像是对的。

由于这种客观事实的证明，一个人根本想不到是他自己的自我心像，或是他对自己的看法在作祟。如果你告诉一个学生，他只是自认为学不好代数，他会说你是神经病，因为他努力了几次，成绩仍然不佳。如果你告诉一个推销员，是他自认为达不到业绩，他会拿订单证明给你看他多努力，最后却还是失败。但是当他们改变他们的自我心像后，学生的成绩会进步神速，推销员的业绩也会奇迹般地直线上升。

自我心像可以改变。无数的事例都显示了改变自我心像、开始过新的生活，永远不会太小或太老。

你的自我心像与行为紧密相近：积极的心态导致积极的思维和行为，而积极的思维和行为必然养成积极的心态。

有这样一个故事：一个法国人，42岁了仍一事无成，他自己也认为自己倒霉透了：离婚、破产、失业……他不知道自己的生存价值和人生的意义。他对自己非常不满，变得古怪、易怒，同时又十分脆弱。有一天，一个吉普赛人在巴黎街头算命，他随意一试。

吉普赛人看过他的手相之后，说：

"您是一个伟人，您很了不起！"

"什么？"他大吃一惊，"我是个伟人，你不是在开玩笑吧？"

吉普赛人平静地说："您知道您是谁吗？"

"我是谁？"他暗想，"是个倒霉鬼，是个穷光蛋，是个被生活抛弃的人！"

但他仍然故作镇静地问："我是谁呢？"

"您是伟人，"吉普赛人说，"您知道吗，您是拿破仑转世！您身上流的血、您的勇气和智慧，都是拿破仑的啊！先生，难道您真的没有发觉，您的面貌也很像拿破仑吗？"

"不会吧……"他略带迟疑地说，"我离婚了……我破产了……我失业了……我几乎无家可归……"

"嗨，那是您的过去，"吉普赛人只好说，"您的未来可不得了！如果先生您不相信，就不用给钱好了。不过，5年后，您将是法国最成功的人啊！因为您就是拿破仑的化身！"

法国人表面装作极不相信地离开了，但心里却有了一种从未有过的伟大感觉。他对拿破仑产生了浓厚的兴趣。回家后，就想方设法找与拿破仑有关的一切书籍著述来学习。渐渐地，他发现周围的环境开始改变了，朋友、家人、同事、老板，都换了另一种眼光、另一种表情对他。事业也开始顺利起来。

后来他才领悟到，其实一切都没有变，是他自己变了：他的胆魄、思

CHENGWEI RENSHENG DE YINGJIA

维模式都在模仿拿破仑，就连走路说话都像。

13年以后，也就是他55岁的时候，他成了亿万富翁，他就是法国赫赫有名的成功人士——威廉·赫克曼。

自我心像是一种前提、基础或根基，你整个人格和行为，甚至于四周的环境，都根据它而建立。所以我们的经验才会得到"证实"，并且因此而更"加强"我们的自我心像，形成一种恶性或良性的循环。

那些过去处处碰壁的人，也可经由改变自我心像而获得成功。心理学中已经证实人类的神经系统分辨不出"实际"的经验和"想像出来"的经验有什么不同，因此过去的挫折经历可以用"综合经验"（在心里创造出的一种成功经验）来弥补，这种经验使许多人脱胎换骨，更乐于接受自己，体会到成功的经验而快乐地生活。

提升自我价值

什么是自我价值？自我价值就是对自我的肯定，对自我的接纳程度和喜欢程度。

为什么要提升自我价值？

我们胆小、懦弱，害怕被拒绝，缺乏自信和勇气，其中一个主要原因就是自我价值低。

世人给我们的评价，决定于我们给自己的评价。我们应训练拓展自我的能力，即练习增添自我的价值。

提高自我价值，其核心就是使自己喜欢自己。不曾拥有，如何付出，一个连自己都不喜欢的人，绝不可能喜欢别人，须知，喜欢自我是迈向成功的第一步。

每天都要问自己："我今天该做什么，才能使自己更有价值呢？"不要只看目前的处境，而要看你将来可能的发展。这样自然就会想出一些发挥潜在价值的特殊方法。

任何一个不相信自己，而且未充分发挥自身能力的人，都可以说是向自己偷窃的人。要学会接纳自己，认识真正的自己。

人类在体力和心智上虽不是生而平等，却生而具有同等的权利去追寻快乐。我们都应相信自己值得领受生命中最美好的一切。大多数功成名就的人，即使是在除了一份梦想之外一无所有的时候，仍然相信自己绝非池中之物。适当的自豪是通往成就与幸福的大门，这份特质也许比其他的任何特质都重要。英文"自豪（Pride）"一词有5个字母，每个字母都有它代表的独特意义。

P——代表愉快（Pleasure）。感觉自豪会令人愉快，不论这种快乐的心情是由于圆满地完成任务或只是单纯地喜爱自己，都会让你享受生命的喜悦。

R——代表尊敬（Respect）。感觉自己是一个高尚正直、值得尊敬的人。这种感觉能引发适度而健康的自豪感。

I——代表改善（Improvement）。要记住，没有人是十全十美的，我们必须随时努力完善自己。"自豪"与"傲慢"的区别就在于此。

D——代表尊严（Dignity）。有尊严就表示在内心看重自己。这是深藏心中的自尊自重，不必大声喧嚷。

E——代表努力（Effort）。要对一件事情感到自豪，就必须费些心力去做，有价值的都是不容易得到的。再说，我们不曾花费过多心血的事物，也不值得我们骄傲。自豪是对于自己努力的成果感到愉快。

提高自我价值，增强自信，关键是心态问题。因此，最有效的方法是心理暗示，积极的暗示。

据国内外专家研究，对进行自我暗示有效的词汇如：

我喜欢我自己！

我是负责任的！

我是最棒的！

我一定要成功！

我天下无敌！

今天将有最好的事发生在我身上！

因此，经常用自我激发性的话提醒自己，久而久之，便会融入自己的身心，抑制消极心态，保持积极的心态，形成强大的内动力。

你的自我意识掌握着解决你所有问题的钥匙，它的范围是无限的，你可以多加运用，作为你成功的指引。

一个最著名的公式之一是由埃米尔·库埃所发明的，他是来自法国西南部的一位药剂师兼心理疗法医师。你或许听过他的公式，它在形式上堪称一种理想的公式，符合我们提出的每一项要求：

每一天，无论在哪一方面，我都变得越来越完美。

这个公式是正面、渐进、简短而扼要的，而且可以为所有的生活层面带来莫大的利益，如果你能时刻遵循它，它的强烈效果将不断为你带来惊喜。

增添价值的方法

你不仅要学会提升自我价值，你还要学会给周围的人和事物增值。你可以记住以前我们所讲的房地产的例子。

你也可以在增添自己价值的同时增添别人的价值，问自己要怎么做，才能增添这个房间或这门生意的价值，要找出各种构想来增添事物的价值。任何一种事物（不论是一块空的地皮、一间房屋，或一门生意）的价值，都跟所运用的构想成正比。

当你的成就越来越大，你的工作就偏向"发展"人了。问自己："我要怎么做，才能增加部属的价值，才能帮助他们更有效率呢？"请记住：你要让一个人发挥出他的长处，就要先看出他的长处。

某一家中型印刷公司（拥有60名员工）的退休老板告诉史华兹，他是怎样挑选他的继任者的。

"5 年前，"史华兹的朋友开始说，"我聘用哈利来主管会计与例行事务。他当时年仅 26 岁，是个很好的会计人员，但对印刷业务一窍不通。一年半前我退休时，我们却一致推选他做董事长兼总经理。"

"回想他的过去，他确实拥有一项使他脱颖而出的特色，就是他对整个公司的业务都很热忱，积极地参与，而不是单管他的账。当他看到其他同事有需要时，就会马上前去帮忙。"

"哈利第一年就跟着我工作，有一次他提出一份边际利益的计划，保证可以降低成本，结果真的实现了。"

"此外，他还做了许多事情，不但有助于他的部门，对整个公司也有很大的帮助。他曾经对我们的生产部门做了一次很详细的成本研究，然后提议投资 3 万元购买新机器，会有更大利润。有一次营业额严重下降，他去对业务经理说：'我并不很了解我们公司的营业情形，但让我试试看是不是能帮上什么忙。'他果真帮上了。哈利真的想出许多很好的主意来提高营业额。"

"他也帮助新员工，使他们能很快进入状态。他实在是对整个业务都很感兴趣。"

"当我退休时，哈利当然成了最理想的接班人。但是请别误会，他并不刻意在我面前表现；他不是一般好管闲事的人；他不会扯别人后腿；他也

不会四处发号命令，而是到处帮助别人。他的表现，就好像公司的每一件事都跟他有关，他把公司的事都当成自己的事。"

我们都能从哈利身上学到有用的一课。那种"我只要把自己的工作做好就够了"的态度是狭隘、消极的想法。那些思想远大的人都把自己看成团队中的一分子，荣辱与共，而不是单独的个体，他们会以各种方式提供各种帮助，并不在意有没有直接或立即的报酬。而那些置身事外的人会说："那跟我无关，让他们自己去想办法吧。"这样的人是不可能爬上高位的。

所以，眼光要远大，要把公司的利益看成自己的利益。可能只有少数人做得到，但这少数做到的人最后都能得到高位、高薪的报酬。

超越琐碎的思考

请记住狄斯累利所说的话："生命太短暂，不容浪费在琐碎的小事情上。"如果你能活到 75 岁，那么你在这个地球上只能活上 27 391 天、3 910 个星期或是 900 个月。生命太短促了，不容浪费。要实现梦想，唯有采取行动，光是无休无止地计划如何行动，无法使梦想实现。

许许多多有丰富潜能的人常会被微不足道的琐事阻碍了应有的成就。让我们来看看下面三个例子：

CHENGWEI RENSHENG DE YINGJIA

一、如何使演讲成功？

每一个人都希望自己有第一流的演讲能力，但是多半无法如愿，都是糟糕的演说者。原因很简单，大部分的人都专注在各种细节上，完全忽略重点。他们会订出一系列注意事项，如"要记得站直"、"不要用手比划"、"不要让听众知道你在看稿"、"记住，不要有任何语法上的错误"、"要注意西服笔挺"、"要大声，但也不能太大声"等。

他们开始演讲时，会觉得很恐慌，因为他们给自己列出许多被禁止的可怕事来。他们会讲得很乱，而且心里在问："我是否犯了某一项错误？"总而言之，他们大大失败了。因为他们只注重琐碎的事，而忽略了能造就出好演说家的重点：知道自己要说什么，而且热切地想告诉别人。

真正测验一位演说者，不是看他有没有站直，有没有错误的语法，而是看听众是否能了解他想要表达的。大部分的演说家多少都会有一些小缺陷，有些甚至还有难听的腔调。美国最受欢迎的演说家，如果去修演说课，一定会不及格。因为那些课程都用老式的消极教法：不要这样，不要那样。

然而这些成功的演说家都有一项共同的特质：他们有话要说，而且热切地盼望别人都能听到。因此，不要让微不足道的小事，妨碍你在大众面前成功地演讲。

二、争端的起因是什么？

至少有99%以上的争端，是由琐碎、微不足道的事引起的。例如，约翰下班后有点疲倦、烦躁，晚餐又不太合胃口，便开始抱怨。但他的太太那天心情也不太好，就反驳道："你以为我们有多少伙食费？"或"如果我也像别人那样拥有一个新烤炉，就可以做得更可口。"这伤了约翰的自尊，他便反击："你该知道，那并不是钱不够，而是你不懂得调理食物。"

争端开始，两人不断指控对方、对方的家人、性生活、钱财，甚至婚前婚后的承诺都成了攻讦话题，使问题变得更尖锐严重。

琐碎的思考和小事总是争端的起因。所以，要消止争端，就要清除琐碎的想法。

可行的方法是在抱怨、指控、叱责对方或为自己辩驳时，要先问自己："这真的很重要吗？"大部分事情都不重要，你也就避免了冲突。

问问你自己："如果他猛抽烟，或忘记把牙膏盖好，或太晚回家，会很严重吗？"

"如果他浪费了一点钱，或请了一些我并不喜欢的朋友到家里来，会很严重吗？"

碰到任何会引起争端的情况时，问自己这个问题，往往能把问题化解。

三、杰克因分配到最小的办公室而恼怒。几年前，一家广告公司有4位职位平等的年轻部门主管搬进新的

办公室。其中 3 间办公室的大小格局相同，第 4 间却比较小，而且也比较不雅致。

杰克被分配到第 4 间办公室。他开始感到自卑，觉得自己被轻视。种种消极的想法全部涌上，他开始表现不合作的态度，处处跟别人作对。3 个月以后，他变得越来越不像样，最后人事部门发给他一张解雇通知。

对小事斤斤计较的想法阻碍了他的进展。当他觉得被人歧视时，他就无法觉得公司正在迅速扩展，办公室已达到饱和。他也想不到负责分配办公室的主管可能并不知道那是最小的一间。而且，除了杰克，可能没有人会把办公室的大小作为衡量的自己价值标准。

对不重要的事情（比如你的名字排名最后，或者拿到第 4 份副本）有狭隘的想法，真的会伤害自己，所以务必要往大处想。这样，就没有一件小事能阻碍你了。

以下几个步骤可帮助你，使你的思想不被琐事绊住。

首先，要专注大目标。我们常常听到达不成交易的推销员报告上司说："但我已经使顾客相信自己错了。"在推销上，大目标是达成交易，而不是辩论。婚姻的大目标即和平、快乐与宁静，而不是时常发生口角。与员工共事的大目标就是要发挥员工的潜能，而不是拿他们的小毛病来制造问题。与邻居相处时的大目标就是要相互敬重友好，而不是找机会把他们的狗关起来，只为了它晚上偶尔会吠叫。

如果用军事术语来说明，那就是：输掉一次战役而赢得全面战争，比赢得一次战役却输掉全面战争要强得多。

其次，在你产生消极的激动情绪之前，要先问自己："那真的很重要，必须要争个输赢吗？"这个问题往往能使 90% 的争端平息。

最后，不要掉进"琐细"的陷阱。当你演讲、解决问题或与员工商谈的时候，要去想关键性的大事，不要被表面的问题所蒙蔽。

第四章 拓宽你的思想领域

· 53 ·

第五章 你可以跳出环境的羁绊

> 并非处境决定人的一生，人可以创造一生的处境。
>
> ——狄斯累利
>
> 人所有的岁月都会流逝，只有勇敢地选择过环境，顽强地改造过环境，坚强地适应过环境，你才能够说，作为真正意义上的人，你活过了。

任何人在不顺利时，都常埋怨"我的命真苦"或"我运气太坏了"……他们总是把失败的原因，归之于周围的一切。

这种想法，自然可减轻对自己的责备，也可为失败寻找到一个妥善的借口。

但把责任推给四周的环境，就能改变命运吗？假若只徒然感叹命运多舛，却不图挽回，那么你已屈服于处境的奴役了。

能够运用潜意识力量的人，想要实现任何目标都是非常容易的事情，因为在生活中确实有许多真实的例子。假如你愿意尝试的话，你会发现你的目标终究会实现。

有位音乐家，他的音乐造诣非常高，常常代表本国参加一些国际上的盛会。后来因为政治上受到迫害，这位音乐家被软禁起来。软禁他的囚房只能露出他的头吃饭，其余四肢都不能动弹，他左右囚房的人不是被枪毙，就是自杀。后来他很幸运被放了出来。之后，他接到了国际音乐大会的通知，邀请他出席世界上的音乐盛会。他去了之后，在公开场合弹钢琴的时候居然震惊了很多人，因为他的钢琴弹得比原来还要好听，还要精彩，弹琴技巧比他被关进监狱前还要高超。

于是很多人问他："你被关了这么多年，身体不能动弹，只能露出头，为什么这几年后第一次弹钢琴，不但没有退步，反而进步了这么多呢？"他说："在我的头脑里面，有个想像中的钢琴，我虽然不能动，可我的思想每天都在弹它。"

这是一个真实的故事，任何人的思想都可以成为一台录像机，重复地播放他想要的画面，就算是他幻想出来的，他只要想像的次数越多，重复地输入他的潜意识，最终都能成为事实。

不要把失败归咎于环境，因为这样只会使自己处在困境中，因而更加堕落。要有自己去改造环境的勇气，命运是掌握在我们自己手中的。

即使荆棘阻挡在我们面前，仍应想到局势由我们所操纵，用充满信心的姿态，毫无畏惧地一路奋斗下去吧！

环境可造就你

你的头脑是个非常神奇的机构，当它以某种方式推理时，会使你勇往直前迈向成功；以另一种不同的方式推理时，则会使你彻底失败。

人脑是所有生物的头脑中最精细灵巧的，我们有什么样的头脑取决于我们如何供应它。当然我们的精神食粮并不是现成物品，能够一套套分开购买，也无法从附近的商店轻易买到。你的精神食粮是由你周围的环境所造成的，你身边各种事物的多寡与品质，都会影响你的思想。我们所消耗的精神食粮，对我们的各种习惯、态度以及个性，都有决定性的影响。因为每一个人天生就有某些潜能，但是我们发展多少，以及用什么方法来开发它，都决定于精神食粮的种类。你的身体会随着你吃的食物而反映出不同的体能。你的头脑也一样，它会随着环境中精神食粮的不同而反映出不同的心态。

如果你在别的国家长大的话，会变成哪一种人呢？你有没有想过？果真如此，你会偏爱哪些东西呢？对于穿着的喜好是不是也相同呢？最喜欢的娱乐方式又是什么呢？你会从事哪一种工作呢？会信仰什么宗教呢？

你当然不可能立刻回答。但是如果你真的是在别的国家长大，你的体质可能与现在完全不同。为什么呢？因为你受到的是另一种环境的影响。因此我们可以说你是"环境"的一种必然产品。

我们的环境会塑造我们的形象，也会影响我们做事的方法。你能不能找出不是"从别人那里学来"的一种习惯或一个举动呢？我们本身的各种小事，例如，走路和咳嗽的样子，拿杯子的手势，对于音乐、文学、娱乐与衣着的爱好，等等，绝大部分都会受到环境直接或间接的影响。更重要的是，你所喜欢的各种东西的大小、个人的工作目标、生活态度与个性，都是由过去与现在的种种环境造成的。

许多专家都同意，你今天的模样、个性与野心，目前的身份与地位，大部分都是你自己的心理环境所造成的。你1年、5年、10年，以至于20年之后的情形，跟你将来的环境有很大关系。为了使我们的将来符合理想，为我们带来满足感，应该做到哪些事呢？

重新调整你的想法以便追求成功是首要的。成功的第一个障碍就是对于成功遥遥无期的感觉，这种态度正是使我们思想平庸无奇的阻力。

逆水行舟，不进则退

成功者是特殊的人吗？当然！不过，他们之所以特殊是由于他们的努力，而不是生来就特殊。他们是创造者，是推动社会前进的人。他们了解，只有努力才能打开通向成功的大门。

成功者可能并不是他周围一伙人当中最聪明的，但他们都是热忱而执著的人。要获得成功，并非必须具备很高的智商，天赋不是关键。很有才干的人也并非一定能够成功，因为天生的才能不能保证一定能获得成功。我们都听说过"小时了了，大未必佳"这句俗语，有些杰出的大学毕业生献身于国家的政治体制但从未得到晋升，有些在中学毕业时被公认为"最有可能获得成功"的学生以后再也没有消息。但是，你一定听到过成功者的事情，因为成功者一定会引起你的注意。他们利用了一切可能的机会，在人群中脱颖而出，被人们看到、听到和熟悉。

你是否看过石缝中长出一棵小小的树苗？是否想过："这样一个小东西怎么会穿破坚硬的石头长了出来，而且还在这么恶劣的条件下活着？"成功者就像石缝中长出来的小树。在艰难困苦的奋斗过程中，他们学会了培养"冲破阻碍"的能力。他们是靠勤奋工作和不断尝试才一分一地取得成功的。

哈里出生在布鲁克林一个外来移民的家庭里，是 10 个孩子当中的老大。他的父亲在开往曼哈顿的夜行火车上当勤杂工，家里穷得常常吃了这一顿不知道下一顿饭在哪里。

哈里想要改变环境，设法使家里丰衣足食。他知道怎样去做，他打算去读大学，当一个专业人才。

哈里读中学时，做作业比较吃力，所以每天晚上都要读到很晚。他只要有一点时间都花在做功课上，还得帮助母亲做家务和做一些能挣到外快的零活。他干活时总是喜笑颜开。"保持心情愉快是对付害怕最有效的方法。"他常常这样对自己和别人说。

哈里只有 10 来岁时，朋友们就称他是"不吃不睡地干活的人"。"我没有别的办法，"哈里解释说，"我不得不干不停，不然我就不可能把所有的事情做完。"

他下定决心，无论如何也要把大学读完。但是，在他得知自己参加大学入学考试的结果时，他受到了打击。他的中学辅导员对他说，他的考试成绩刚刚及格，还劝他放弃上大学的计划，去读职业学校。

哈里离开辅导员的办公室时，耳边还响着辅导员下的结论："你永远不会成功，哈里。以你的考试成绩来说，大学里的竞争你是受不了的。"但是，哈里毫不气馁。他下定决心要接受大学教育，根本不顾辅导员的劝告。

哈里承认，他在大学里领会那些学术上的概念和理论非常吃力，因为他的阅读速度很慢。他必须把课本反复看上5遍，边看边做笔记，才能读懂书上的内容。"书上讲的是什么，我总是不十分清楚，但是我不停地一遍又一遍地读。"他说，"我曾经多次求上帝保佑，可是每次考试总是考不好。但是经过不断的努力，我觉得还没搞明白的那些知识似乎一点一点清楚起来。"

"如果老师说写一篇论文需要准备五六个小时，我就知道我非得要花30个小时不可。我是那种紧了腰带又紧背带的人。"

"记得在考试后，和别的同学讨论时，总是感到自己学得不够。他们说只复习了几个小时，而我晓得自己是花了几个星期做准备的。我一直不明白他们怎么能够办得到，但我确实知道我要想考好一定得额外多下工夫。"

哈里上学那几年是非常艰苦的。他没有钱去请一位辅导老师，常常觉得不堪重负。他每逢考试总是忧心忡忡，担心会考不及格。但是，他很高兴毕竟上了大学，成了大学生。后来，由于他不停地努力苦读，各门功课都取得了合格的成绩。

哈里不仅读完了大学，还努力读完了研究所的课程，并获得了卫生专业的博士学位，最后成为一个在营养学方面居于领导地位的权威。现在，他主管着美国和加拿大2 000多家有联营关系的食品商店。他靠着百折不挠的精神成了成功者。

尽管他曾经由于需要付出极大的努力而感到恐惧和力不从心，尽管有人对他说"你永远不会成功"，但是，他还是坚持下去并取得了成功。

我们在研究一些成功人士的奋斗经历时，常常得到一个深刻的印象，就是他们虽然从事的是工业、电影、金融等截然不同的工作，在经历上却都有共同之处。他们大多数人都遇到过许许多多需要克服的困难，但他们学会了如何与困难、挫折及沮丧情绪做顽强的斗争，然后从斗争中学会取得成功的诀窍。

你不必等到身陷困境才去学习取得成功的诀窍。如果真正想学的话，你现在就能够掌握本书提供的这些道理和方法。事实上，你能够轻松自如地学会这些诀窍。

面对新的挑战时应这样想："如果必须去干艰难的事，我就冲上前去，因为我不能够后退。我曾经灰心过，但是，每当我感到泄气的时候就想：'我别无选择，惟有继续努力。'如果我退缩的话，是无路可走的。既然选上这一行，就要干得像样才行。如果我倒下去，没有人会拉我。我不能回到家里对家人说'照顾照顾我吧！'也不能对别人说'帮帮我的忙吧！'所以必须坚持下去。"

鲍勃·戴伦曾说过一句话："如果没有你可以倒下的地方，你就不会摔跟斗。"绝大多数有成就的人在生活中都是这样的，他们都不肯后退。

在百老汇的戏剧演出中有一句台词

很有启示性："我别无选择，从走向成功须经历的所有困境中，我挺过来了。"

当你没有可以倒下或者摔跟斗的地方时，当你没有人相扶和无路可退时，你就必须冲上前去。

不要给自己留下"一条退路"，不要把退缩看得轻松容易。除了成功之外"别无选择"——要把它当成你有利的条件。

你是有理想的，本书可以帮助你朝这个理想前进。在前进的道路上会有障碍，但是，如果你一心一意去想办法解决难题，每一个障碍就能成为你变得更加自信的标志。除去成功之外，不要给自己留下别的出路。

情感的阻滞有害无益

你是否曾经有过一种阻滞的感觉，一种在自己体内有些什么东西阻止你去完成一项工作的感觉？你是否有过这样一种感觉——刚刚着手去做一件事时，尽管是一件很小的事情，却觉得不能胜任？也许你要做的是一件大事，关系到你的一生，却仍然无法动手去做？

这种情感上的阻滞是一种不自觉的意念，妨碍我们发挥效能。由于不能察觉到这一点，很多人畏于追求成功。这种阻滞是大脑发出的一种下意识的命令。如果这种潜意识支配了你的行动，你便会停滞不前，而不是全力以赴解决问题、争取胜利。你的头

脑似乎变得呆滞了，往往忘记你想要说什么话、做什么事。你会发现自己正在逃避所要做的事，白白浪费了光阴。当你想要去做什么新的事或困难的事时，不管在什么样的工作环境下，也不管要干什么，都可能发生这种情况。

在你想要活得更有意义与进行有价值的探索过程中，你可能遇到许许多多困境。当你心境忧郁或意气颓丧的时候，不可做出任何重大决定，因为那不良的心境会使你判断失误。一个人感到痛苦、失望时，他所采取的步骤，大都只顾立即获得解救，而不顾及最终结果。

当然，在希望已经幻灭，境遇十分惨淡的情况下，要求一个人仍然乐观面世，善用理智，这是很难的，但也唯有在这种环境中，才能显示出我们究竟是哪一种人。测验一个人的真才实力可靠的方法，就是看他在事业失败、命运坎坷，甚至他的至亲好友都劝他放手，笑他不识时务时，能否坚持他的夙志与事业。

他人放弃，自己还是坚持；他人后退，自己还是向前；眼前没有光明、希望，自己还是努力奋斗。这种精神，是一切科学家、发明家和其他杰出人物成功的重要原因。

不管你的前途怎样黯淡，心绪怎样沉重，都要等到忧郁、沮丧的心情消散以后，再决定你下一步的方针或步骤。要做出重要的决定，必须运用

你的理智、正确的判断力、健全的观察力。面临生活、事业上的转折点时，应该在你心境平和、精神愉快时做出抉择。当颓丧、失望充满你的内心时，你的判断很容易出错。在心情不佳时出现的念头，千万不可依照施行。

消极的人随处可见

请你记住：说办不到的人，都是无法成功的人。亦即他个人的成就，顶多普普通通而已。因此这种人的意见，对你有害无益。

请多多防范那些说你办不到的人吧，只能把他们的警告看成"证明你一定办得到"的挑战，如此而已。

此外还要特别防范消极的人破坏你迈向成功的计划，这种人随处可见，他们似乎专门破坏别人的进步与努力。对此，史华兹博士有亲身经历。

我念大学的时候，一连好几个学期都跟 W 先生在一起。他是个好好先生，是在你缺钱时借点小钱，或者帮点小忙的那种人。虽然他有这种美德，但是对于自己的生活、前途以及各种机会却尖酸刻薄、吹毛求疵。

那时我是一个报纸专栏作家的忠实读者，这位作家特别强调积极的思维和努力争取成功的重要。每当 W 先生看到我阅读这个专栏，或者我提到那位作家的文章时，他都说："大卫！拜托！看看头条新闻吧！这才是生活的真正资料。那些专栏作家都是些掩

耳盗铃的小人物而已。"

每当我们谈到如何出人头地时，这位老兄就会抢着说他的发财公式。他是这么说的："大卫，目前只有三个方法可以名利兼收。第一就是跟一个富婆结婚；第二就是神不知、鬼不觉地去抢劫；第三就是想尽所有的办法拉关系，以便有机会多认识一些有头有脸的大人物。"

他还时常举例说明他的发财公式如何管用，他很快就从报纸上挑出一个社会新闻来证实他的看法。例如一个非常有名的劳工领袖居然把所有的基金卷走逃逸。他还会一面张大眼睛看那种"水果小贩跟富婆结婚"的花边新闻，一面故意大声念给我听。此外他还知道有一个家伙利用第三者的关系辗转认识一个"大人物"，因而争取到一笔大买卖，发了一笔财。

这位 W 先生比我大几岁，他在工程方面的成绩也很好，我跟他很投缘。我是把他当兄长般敬重的，他对于许多事情的看法，常常也是我的榜样。正因为如此，几乎使我陷入"放弃成功的基本信念"的漩涡，不知不觉就受到他消极观念的影响。

好在一天晚上跟这位老兄畅谈一番以后，我恍然大悟，发觉自己正在倾听失败的论调。

W 先生一直在强调他相信自己的想法很对，而不是把我的想法变得跟他一样。从那时候开始，我就把这位老兄看成一个试验品，从此不再相信

他的话，只是分析这个人而已。我一直想找出"他为什么那么想"以及"到底是什么一直影响他"，我真的把这位朋友看成一个心理试验品。

接下来的10多年我一直没有再见过他，但是有一个我们都认识的朋友几个月以前碰到他，说他在华盛顿当绘图员，收入很低。我问这位朋友："他的作风有没有改变呢？"

"没有！还是老样子。如果一定要说他有点改变的话，就是变得比以前更消极而已。他的脾气太倔强了，一直这个样子。他现在有4个孩子，用那种收入来照顾那么多的孩子，真的很凄惨。他如果肯动动脑筋的话，可以赚到5倍的收入。我们都知道他确实很有头脑，只是不会用而已。"

千万要小心，要多多注意那些消极的人，千万不要不明不白地受了他们消极思想的影响，也不要让他们破坏你的成功计划。

有一个整天坐办公室的职员曾解释为什么要换工作。

"我们公司里有一个讨厌鬼，"他说，"整天不谈正经事，只会批评'我们的公司真可怕！'不管上司做什么，他都会吹毛求疵。他把每一个辅导人员以上的人都看得很不值钱，不断地搬弄是非。他认为我们的产品都不好，公司每一个政策都有毛病，他几乎看什么都不顺眼。"

"我每天早上上班时都很紧张，仿佛上紧的发条似地快要爆炸了。每天下班前也要听他45分钟的说教跟夸大渲染当天的错误，所以回家时心灰意冷、委靡不振。最后忽然想到去别的公司上班，结果情形大不相同，因为现在的同事都会考虑一件事情的正反两面。"

消极的人随处可见。有些消极的人——就像上面那位几乎使史华兹受到影响的人，心肠很好。另外还有一些消极的人，自己不知上进，还想把别人也拖下水，他们自己没有什么作为，所以也想使别人一事无成。

经常跟消极的人来往，你自己也会变得很消极；跟小人物交往过密，就会产生许多低微的习惯。反过来，经常受到大人物的熏陶，会提高自己的思想水准；经常接触那些雄心万丈的成功人士，也会使我们产生迈向成功所需的野心与行动。

要看见周围环境中的美好事物

你是注意到充满青春活力与色彩绚丽的极乐岛呢，还是埋头为路旁的杂草伤神呢？你在雨后呼吸到清新的空气时，是现出微笑呢，还是两眼盯着道路上的泥泞呢？当你走过一片镜子，无意中看到自己的影像时，你看到的自己是一副喜色还是一副愁容呢？

保持乐观进取的态度，是取得成功的关键。同样一件事情，常常既可以说是"好事"，也可以说是"坏事"，既可以说是"幸事"，也可以说是"倒霉事"。到底如何看待，一般都取决于个人习惯和同其他事物相比，而不着眼于实际上发生的事情本身。

你对现实抱什么样的观念，就会给你的思想方法和行为举止涂上什么色彩。你心目中的现实是怎样一种结构，全是由你自己设计和建造出来的。

如果你认准了什么事都很糟，你就有可能不知不觉地给自己营造不愉快的环境。一旦你觉得厄运即将来临，你就会做出一些起消极的事，使你的预言真的应验。

反之，如果你把内心的思想和言谈话语都引导到奋发鼓劲的念头上去，就会打开一条积极的思路。你会惊奇地发现自己的行动也变得积极起来。如果你相信今天会过得很好，而且明天会过得更好，你就会往好处去做，很注意地把日子过好。你也将使自己的预言成为现实。

失败者的意志是消沉的，他们心情沉重的原因可称之为"背情感包袱"。他们像负重的牲畜一样，把没有解决的老问题、老矛盾背在身上，天天翻来覆去地念叨那些烦恼的事情。而那些烦恼也好似镣铐唧唧当当地一辈子缠着他们。

他们把前途看得一片黯淡，连气都透不过来，于是把所有的气氛都破坏了。失败者不管要做什么事情，总是处处碰上他们自己设下的牢笼，处处都应验了自己那些消极泄气的话。

许多人都会在一生中某些关键时刻，遇到令人痛苦和沮丧的灾祸或难以忍受的环境条件。但是，翻来覆去地向别人念叨伤心事和麻烦事，并不是健康现象。而且，重复那些一度困扰过自己或者使自己发火的事情，是于己无益的。所以，不要再发牢骚、诉委屈，而要用积极的态度去面对未来。

在面对问题和挫折时，要尽最大努力把自己的积极因素全部调动起来。要努力找出有创造性的克服困难和解决问题的办法来，而不说会起消极作用的话。要想方设法地看一看，当你扭转了逆境并且提高生活品质的时候，你会感到自己是如何强大有力。

在你的周围，到处都有积极因素可供发掘。如果你要成为成功者，就要发掘这些积极因素，现在马上就去发掘。

有一个古老的寓言，说的是有一个人找幸福的蓝鸟的故事。他在世界上到处奔波寻找，当他最后终于找到的时候，却发现原来蓝鸟就在他的家门口。

要把你周围的所有美好事物发掘出来。只要耐心去发掘，你一定能发掘积极的事物。现在马上就去发掘。

运用情绪的"吸尘器"

有一次，史华兹在前往底特律的飞机上，听到一阵滴答声。他吃惊地瞥了一下他的邻座，因为那声音似乎是从他那里发出来的。

邻座咧嘴大笑说："喔，那不是炸弹，那是我的心脏。"

史华兹显得更吃惊，所以对方继续告诉他发生的事情。

就在 21 天以前，他动了一次将塑胶瓣膜植入心脏的手术。滴答声会持续数月之久，直到新的细胞组织长满人工瓣膜为止。史华兹问他："下一步打算做什么呢？"

"噢"，他说，"我有一些大计划。我回到明尼苏达州时，要去学法律。我希望将来能到政府机关工作。医生说我头几个月要尽量放松，过了这段时间以后，一切都可以从头开始了。"

现在，我们要给你一件工具，帮助你实现做一个成功者的目标。这件工具是"情绪吸尘器"，它能帮助你把心中的消极东西统统扫除干净。

使用这件工具，头一件事情是你在说话时要愿意听听自己说的是什么。

你是不是常常谈论你周围所有那些消极的事？你是不是在说话中讲很多"不"字，例如"不能"、"不会"、"不应该"、"不要"等？你最常用的形容词是不是都有消极的意思，例如"真要命"、"可怕的"、"自私的"、"不公平的"、"讨厌的"、"不可能的"、"轻率的"等？你是不是没完没了地指责别人"你为什么不……"、"你为什么没有……"、"你总是不……"等？

你必须知道当你说这些话时，会带给你多大的危害，一旦你确实注意了自己的言谈，听到了自己嘴里发出的一连串消极的话，你就能开动"吸尘器"把那些消极的东西打扫干净了。果真如此，你就会有较多的余地来容纳美好的事物，在感情上就会考虑和了解积极态度的重要性。

你也许会说："我想我确实习惯于讲很多消极的话，从前一直没有这样注意过。如果是的话，我还来得及改变吗？"绝对来得及！而且"情绪吸尘器"就能帮助你改。你要试着这样想像一番：

在你的前额上有一个玩具似的小吸尘器，正把你头脑里那些以前的灾祸、现在的苦恼、将来的不幸以及你常用的那些"不"、"不能"、"不会"、"不应该"等字眼统统吸走。

每当你听到自己讲那些起消极作用的话时，就马上停下来，开动你的"情绪吸尘器"，把头脑里那些起破坏作用和使人丧气的东西打扫干净。

我们总是在意想不到的时候产生不愉快的想法。所以重要的是，不但要学会如何排除掉不愉快的想法，还要学会怎样把腾空了的地方装上健康而积极的念头和想法。

譬如说，你刚刚疲劳地听完了课，正在冲澡。热水冲在身上，使你感到非常舒服。你正在怡然自得的时候，突然想起了上个月和邻居吵架的事情。一下子，你满脑子都充满了不愉快的回忆。但是，你正在痛痛快快地淋浴，不可能在此时此刻解决和邻居发生的矛盾。你浑身都是肥皂沫，不可能这个样子就去找邻居交涉。那么，看看你此刻在做什么吧！你无意之中用和邻居发生的矛盾剥夺了自己洗澡所应享受到的欢乐。要拿出你的"情绪吸尘器"，把有关你和邻居的种种问题统统排除掉。在这个时候，你根本解决不了跟邻居争吵的事情，但是能够把澡洗得痛痛快快。情绪愉快是理所当然的，而不去破坏这种情绪的责任在你自己身上。

把头脑里的烦恼念头清除掉以后，你可以选择用什么积极的念头来取代。你可以挑选任何喜欢的东西来鼓舞自己。有一位患者喜欢想像棒球比赛。她拿出"情绪吸尘器"，把头脑里那些令人灰心丧气的景象扫除一空，然后就去想像她最喜爱的棒球明星跑回本垒时滑垒的情形。她每次这样一想，都能把精神振作起来，脸上露出了笑容，也就能够接着去想别的比较高兴的事情了。

照这个办法练习几次。一旦你尝到甜头，头脑里浮现出的愉快景象会使你觉得舒畅得多。假如过了几分钟后，你又想起了那些泄气的往事，赶紧再除尘，再去想像美好的事情。不论你什么时候觉得需要使用"情绪吸尘器"去打扫你的情绪，就去用吧。只要你一不自觉地想起了泄气的事情，就必须有意识地行动起来，把那些念头赶跑。留出地方来装即将到来的欢乐时光和成功胜利！

做你想做的人

为了使你不被"我已经无法突破，何必自讨苦吃"之类似是而非的见解所惑，我们必须把人分成三种：

第一种是那些完全投降、安于现状的人。他们深信自己条件不足，认为成功是幸运儿的专利，他们没有这个福气。这种人很容易就可以认出，因为他们都会尽量掩饰，使别人相信他们很快乐。有一个32岁的聪明人，甘愿守着一个很有保障却很平凡的职位。最近他花了好几个小时告诉别人他为什么对自己的工作很满意，他真的很会掩饰自己对工作的不满。但是我们却知道他在欺骗自己，他自己也知道他在自欺欺人。他需要一份更有挑战性的工作，这样才能继续发展与成长。但是就因为有无数的阻力，他深信自己不适合做大事。这种人的另一种极端类型就是专门寻找新工作，不满意本身的工作而经常改行。他会把自己想像成一个墨守成规的人，而他们的做法会被人批评成"像一个两端开口的坟墓一样便于进出"，又好像漫无目的地到处游荡，希望总有好运从天而降。

第二种人只占了一小部分。他们刚刚成年时，确实非常向往成功，他们会替自己的工作预作准备，也会正常工作并制定一些计划。但是大约10年以后，他们的工作阻力就会慢慢增加，为了更上一层楼所做的努力，看起来十分艰苦。这时他们就会觉得这样下去实在不值得，因而放弃努力，变得自暴自弃。他们会自我解嘲："我们比一般人赚得多，生活也比一般人要好，干嘛不知足，还要冒险呢？"其实这种人已经有了恐惧感，他们害怕失败，害怕大家不同意，害怕发生意外，害怕失去已有的东西。这种人有些很有才干，因为不敢重新冒险，才愿意平平淡淡地度过一生。

第三种人永远也不会屈服，这种人只有总数的百分之二三而已。他们绝不使悲观来左右一切，绝不屈从各种阻力，更不相信自己只能浑浑噩噩虚度一生。他们活着的目的就是获得成功。这种人都很乐观，因为他们一定会完成自己的心愿。这种人很容易就赚到美金1.5万元以上的年薪，都会变成高级推销员、高级主管以及各行各业的领导人物。他们会享受人生，真正了解生命的可贵、刺激与价值。他们盼望每一个新的日子，以及跟别人之间的新接触，把这些看成是丰富人生的历练，因此热烈地接受。

人人都希望列入第三种，因为只有这些人才能有更大的成功，也只有这些人才是真正做事的人，并且能得到他们期盼的结果。

为了使自己能列入第三种人，你必须击退周围的各种障碍。为了彻底了解第一种跟第二种的人如何妨碍你上进，请仔细看看下面的例子。

假如你真心告诉几个朋友说："有朝一日我会变成一家大公司的副董事长。"这时将会怎样呢？这些朋友可能认为你在开玩笑，只是随便说说而已。他们一旦相信你的话，可能还会挖苦你："真可怜！你得从头学习才办得到呢！"可能在背后还会怀疑你有没有当副董事长的资格呢。

假设你对你的董事长这么说，又会怎么样呢？有一件事可以确定，他绝不会一笑而已，他会细细地打量你，并且暗想："这小子是不是吃错药了？他真的这么说啊？我有没有听错呢？"

我们保证他不会付之一笑。

那是因为所有的大人物都不会轻视伟大的创见。

绝不故步自封

美国玉米生产区的每一个农夫都知道，如果肥料充足，收成就比较好。同样的道理，我们的思想也需要许多的营养，才能获得更多、更好的思想结晶。对此，史华兹深有感受。

我太太和我跟另外5对夫妇上个月应邀到一个百货公司经理的家里参加宴会。宴会结束后我跟太太多留了一会儿，以便有机会问主人一个我整个晚上都想不通的问题。主人跟我很要好，我才敢打破砂锅问到底。"今天晚上过得很愉快。"我说，"但是有一件事情我想不通。我以为今天晚上会碰到许多单位主管，没想到你的客人各行各业都有，有作家、有医生、有工程师和教师。"

他微笑着说："是啊，我们时常招待百货业的朋友，后来我太太海伦跟我发现，如果能跟别的行业的人士常常聚会的话，会更新鲜、更好玩。我担心把交往的对象局限于兴趣相同的人以后，就会固步自封，没有什么进步了。"

"何况，"他继续说，"各行各业的人士都是做生意的对象，每天都有几千人来照顾我们的生意。我从他们身上学的东西越多（包括各种创见、兴趣和观念），越能把我的服务工作做得尽善尽美。"

下面这些方法可以帮你扩大社交圈，并且享受第一流的生活：

一、参加各种新团体。如果你的社交圈局限在一个小团体，很快就会厌烦，而且你要记住"你必须了解群众心理才能成功"。如果想靠研究一个小团体而不会观人术，就像认为"阅读一本小书就会精通高等数学"一样不切实际。随时认识一些新朋友，参加新的社团组织，同时扩展自己的社交范围。职业不同的人交往，可以增加你的生活情趣，也可以扩大你的生活领域，这的确是一种很好的精神生活的调剂法。

二、新朋友的见解跟你不同才好。在这个文明社会里，心地狭窄的人没有多大出息，重要的职位通常都会落在熟悉人情世故的人身上。因此你要多认识几个见解观念不同的人；反之

亦然。你也要认识几个宗教信仰不同的人，以及做事方法与众不同的人，但是你一定要先确定他们很有发展潜力才行。

三、选择"不拘泥于卑微、琐碎、不重要的事物"的人做朋友。那些非常注意你家房屋的大小、你的家用器具或者思想谈吐都不如你的人，都是思想琐碎的人，这种人不值得交往。多多注意你的心理环境，选择喜欢积极事物的人、真心希望你成功的人来当朋友。尽力找些鼓励你的计划与理想的人当你的良师益友。如果你不这么做，而找些思想消沉落伍的人来当朋友，你也会渐渐消沉下去。

人是可以跳出环境的

托尔斯泰的作品中，有这样一个故事。

有一个女人，为了报复一个曾深深伤害过她的男人，劫走了他的婴儿。她把孩子交给一个巫师，要求巫师在这个孩子身上作法，用最凶残的方法施行报复。

不久，巫师通知这个女人说，他已经用了最残酷的方法，要她到指定地方去看一看。女人不看则罢，一看大怒——那个孩子居然被当地一位富翁收养了！

她立即跑去责问巫师。巫师叫她不用急，等着瞧。

而最后的结果，连这个凶狠的女

人，也觉得如此报复太过分了。

原来，孩子在骄奢中成长，没有强健的体魄、坚忍的意志和吃苦耐劳的精神。在事业突然破产和贫困的沉重打击下，软弱无能，每况愈下，卑贱污秽，生不如死。在徒然挣扎一段时间后，终于疯狂自杀。

由此可见，当一个人完全处于消极或失败的环境中时，他从肉体到精神均会被摧毁。

环境对人的影响和暗示，其力量之大、之深刻，不容忽视。积极成功的良性循环与消极失败的恶性循环，区别往往在于环境。

释迦牟尼有一次和弟子阿难一道路过鱼市。阿难看到地上有一根绳子，就随手捡起来。

"把它丢掉，阿难！"释迦牟尼说。

弟子依言照办，但还是不解地问："老师，捡根绳子有什么关系呢？"

"闻闻你的手吧！"释迦牟尼说。

阿难对着双手抽了抽鼻子，大惊道："哎呀，满是鱼腥味！"

明显的消极环境，人人都会规避，但往往受了消极的感染仍不知不晓。

要有意识地选择自己的环境——生活环境、学习环境和工作环境，主动向积极的层面靠拢，同时远离消极。如果遇到无法选择的情况，就要用坚定的信念过滤身边的事物，抱定积极的心态。比如：

一、多读励志书籍、名人传记及成功学说，少读或不读带消极情绪的东西。

许多成功人士当初都是在读了名人生平传记后开始发奋的。阅读就是处身于书籍所营造的自然环境和社会环境、情感环境之中。

二、与积极向上的人为伍，与成功人士交朋友。

与人接触是个人成长过程中重要的一课。与积极向上的人为伍，所言所想、所见所闻，均积极乐观，与成功人士交朋友，观察他们、模仿他们、向他们请教，在潜移默化中，就会像他们一样看问题、思考问题，逐渐形成正确的思维方式，养成好的习惯。

三、不与消极心态者深交。

用善意和热情对待你接触到的每一个人，但不要与消极的人深交，否则，会受到他们消极观念的影响。

人经历过的所有的岁月都会流逝，只有勇敢地选择过环境，顽强地改造过环境，坚强地适应过环境，你才能够说，作为真正意义上的人，你活过了！

最坏的生活可能是没有选择的生活，对新事物没有任何希望的生活，走向死胡同的生活。相反，最愉快的生活是具有最多机会的生活。

没有跳出，便没有创造性，没有十字路口，没有机会，没有选择。人便只能是环境的必然：按着一条既定的路走下去。

选择和主动都有赖于跳出环境、他人甚至自己。从本原上讲，人格在跳出之外，人格是跳出的。

第六章　你的世界由你自己开创

我们生来就要发光发热，我们生来就要发扬生命赋予我们的荣耀。正如帕斯特耐克所说："人是为了生存得有价值而活着，而不是为了活着而活着。"

你不是随意来到这个世界上的。你生来应为高山，而非草芥。从今往后，你要竭尽全力成为群峰之巅，将你的潜能发挥到最大限度。

我们最深的恐惧，不是怕我们不够好，而是怕我们不知道自己强得深不可测。我们应自问，我们凭什么这么聪明、这么有才华、这么有力？谁有资格说你不配，你的自我否认并无助于这个世界。压抑自己好让周围的人没有压力，其中并无任何道理，我们生来就要发光发热，我们生来就要发扬生命赋予我们的荣耀，这不是某些人才有的荣幸，每个人都有，就在我们放出自己的光辉时，我们无意间也会让别人绽放光芒。

有一对兄弟，哥哥生性消极，而弟弟生性积极。他们的父亲为了考验兄弟俩，便把哥哥带到一个放满玩具的房间，而把弟弟带到一个堆满牛粪的房间里。过了一段时间，父亲打开哥哥的房间，却看见哥哥号啕大哭，父亲问："你为什么哭呢？这些不都是你喜欢的玩具吗？"哥哥回答说："玩具这么好，我怕把玩具玩坏了。"于是父亲又来到弟弟的房间，只见弟弟跳上跳下，全身沾满了牛粪却非常快乐。父亲觉得很奇怪，便问："你为什么这么高兴？"弟弟笑眯眯地回答："我知道爸爸一定把最好玩的玩具藏在牛粪里，虽然我现在还没有发现，不过，我一定能找得到。"

看完这则故事之后你是否有所启发呢？的确，成功的人在问题背后找答案，失败的人却在答案背后找问题。人的一生中难免会遇到失败、困难或挫折，消极的人将这些经历看做是成功的绊脚石，而积极的人却将它们转换为成功的垫脚石。因此，成败与否往往在于一念之间，成功不是你能不能，而是你要不要，全凭自己如何来看待。别忘了，什么样的思想决定什么样的生活。

成功者之所以能持续地超越目标，不断地向高难度挑战，不在于有什么高深的道理，重点是拥有正面、积极的思考方式。当你换个角度看待事物时，困难与挫折不过是化妆过的祝福罢了，"失败之后就放弃，比失败本身更悲哀"，成功者与失败者的差异就在于成功者相信梦想，绝不放弃，永远会为自己喝彩。

你是自然界最伟大的奇迹

生理学家告诉我们：一个生命在产生的时候，精子之间的搏杀是何等的激烈，何等的辉煌，最后的胜者才能与卵子结合孕育生命，这不难想象。

这个事实足以证明，当你来到这个世界上时，你就是最好的、最棒的、无与伦比的，没有人能战胜你。

难道这不值得自豪吗？

难道你没有理由自信吗？

从现在开始，你永远不要忘记这样一个事实——你是自然界最伟大的奇迹。

自从上帝创造了天地万物，没有一个人和你一样，你的头脑、心灵、眼睛、耳朵、双手、头发、嘴唇都是与众不同的。言谈举止和你完全一样的人以前没有，现在没有，以后也不会有。虽然四海之内皆兄弟，然而人各有异。你是独一无二的造化。

你不能像动物一样容易满足，你

心中燃烧着代代相传的火焰，这激励你超越自己，你要使这团火燃得更旺，向世界宣布你的出类拔萃。

没有人能模仿你的笔迹，你的商标，你的成果，你的推销能力。从今往后，你要使自己的个性充分发展，因为这是你得以成功的一个资本。

你不必再徒劳地模仿别人，而要充分展示自己的个性。你不但要宣扬它，还要推销它。你要学会求同存异，强调自己与众不同之处，回避人所共有的通性，并且要把这种原则运用到事业上。人和事业，两者皆独树一帜，你会为此而自豪。

物以稀为贵。你特立独行，因而身价百倍。你是千万年进化的终端产物，头脑和身体超过以往的帝王与智者。

但是，你的技艺、你的头脑、你的心灵、你的身体，若不善加利用，都将随着时间的流逝而迟钝、腐朽，甚至死亡。你的潜力无穷无尽，脑力、体能稍加开发，就能超过以往的任何成就。从今天开始，你就要开发潜力。

你不再因昨日的成绩沾沾自喜，不再为微不足道的成绩自吹自擂。你能做得比已经完成的更好。你的出生并非最后一样奇迹，为什么自己不能再创奇迹呢？

你不是随意来到这世上的。你生来应为高山，而非草芥。从今往后，你要竭尽全力成为群峰之巅，将你的潜能发挥到最大限度。

你要吸取前人的经验，了解自己以及手中的货物，这样才能成倍地增加销量。你要字斟句酌，反复推敲推销时用的语言，因为这是成就事业的关键。你绝不可忘记，许多成功的伟人，其实只有一套说辞，却能使他们无往不利。你也要不断改进自己的仪态和风度，因为这是吸引别人的美德。

你要专心致志对抗眼前的挑战，你的行动会使你忘却其他一切，不让家事缠身。身处人生竞技场，不可恋家，否则那会使你思想混沌；另一方面，当你与家人同处时，一定得把工作留在门外，否则会使家人感到冷落。

战场上没有一块属于家人的地方，同样，家中也没有谈论战事的地方，这两者必须截然分开，否则就会顾此失彼，这是很多人难以走出的误区。

你是自然界最伟大的奇迹。

你有双眼，可以观察；你有头脑，可以思考。现在你已洞悉了一个人生中伟大的奥秘。你发现，一切问题、沮丧、悲伤，都是乔装打扮的机遇之神。你不再被他们的外表所蒙骗，你已睁开双眼，看破了他们的伪装。

飞禽走兽、花草树木、风雨山石、河流湖泊，都没有像你一样的起源，你孕育在爱之中，肩负使命而生。过去你忽略了这个事实，从今往后，它将塑造你的性格，指导你的人生。

自然界不知何谓失败，终以胜利者的姿态出现，你也要如此，因为成功一旦降临，就会再度光顾。

你会成功，你会成为伟大的成功者，因为你举世无双。

突破自我设限

科学家们曾做过一个有趣的实验：他们把跳蚤放在桌上，一拍桌子，跳蚤迅即跳起，跳起的高度约为其身高的 100 倍以上。然后，在跳蚤头上罩一个玻璃罩，再让它跳，这一次跳蚤碰到了玻璃罩。连续多次后，跳蚤改变了起跳的高度以适应环境，每次跳蚤都在碰壁后主动改变自己跳的高度。最后，玻璃罩接近桌面，这时跳蚤已经不会跳，变成"爬蚤"了。

跳蚤变成"爬蚤"，并非它丧失了跳跃的能力，而是由于一次次受挫学乖了、习惯了、麻木了。最可悲之处就在于，实际上的玻璃罩已经不存在，它却连"再试一次"的勇气都没有了。这是一种自我学习而来的消极经验。玻璃罩已经罩在了潜意识里，行动的欲望和潜能被自己扼杀了！科学家把这种现象叫做"自我设限"。

你认为"limit"——也就是"极限"在哪里？你是否以为它在某个事物外面呢？比如说，我们就像被关在牧场中放牧的羊群，平常虽然不注意，有一天忽然发觉自己被关在栅栏里，你便以为这个栅栏就是"极限"呢？

你的极限，其实就在你自己的心中。换句话说，是你自己定出自己的极限。

很多人的遭遇与此极为相似。在成长的过程中特别是幼年时代，遭受外界（包括家庭）太多的批评、打击和挫折，于是奋发向上的热情、欲望被"自我设限"压制封杀，没有得到及时的疏导与激励。于是对失败惶恐不安，对失败习以为常，丧失了信心和勇气，渐渐出现了懦弱、犹疑、狭隘、自卑、孤僻、害怕承担责任、不思进取、不敢拼搏的精神面貌。

这样的性格，在生活中最明显的表现就是随波逐流。

与生俱来的成功火种过早地熄灭了。

拿自己的工作来看，假设你先定下标准，认为"只要做到这里，今天的工作就结束了"。然而，这时打算"做到这里就罢手吧"和打算"再多做一点吧"的，都是你自己，这是你自己能够决定的事。"再多做一点吧"这种超越极限的决定权，最后还是在你自己手里。如果是由别人来替你决定"今天到此为止"或"今天再多做一点"，那你只是一个机器人，你应该觉得更悲哀。

此外，极限这种东西，并不是恒定不变的。如果总是做得比极限少或小，极限也会跟着逐渐变小；相反地，如果总是向极限边缘挑战，极限也会随之逐渐扩大。

唯有能找出自己的极限在哪里、有多大的人，才能超越那个极限。

我们每个人都蕴藏着无限的可能

性，你应当一直这么认为。只要能对自己坦诚，随时随地都可以开始任何事。当你摆脱自我设限，获得自由时，某种新事物就开始了。那也许就是今天，也许是在明天。

首先要对自己进行肯定

有一个大家都很熟悉的故事提到3个砌砖工人的工作态度，这个故事很有意义。

有人问3个工人："你们在做什么?"第一个工人说："砌砖。"第二个工人则说："我正在做一件每小时工资9.3美元的工作。"第三个工人却说："你问我啊? 我可以老实地告诉你，我正在建造世界上最大的教堂。"

虽然这个故事没有提到他们后来的际遇，你能不能自己想像出来呢? 最可能的情况是：前两人继续砌砖，因为他们没有远见，不重视自己的工作，不会去追求更大的成就。

但你却可以用所有的资产跟人打赌，赌那位认为自己正在"建造大教堂"的工人，一定不会永远是个工人，也许他已经变成工头或承包商，甚至变成很有名的建筑师，他还会继续往上爬。为什么呢? 因为他的思考使他如此，他已经明确地指出他想更上一层楼。

你希望在人生旅程上获得哪方面的胜利? 什么性质的事情将使你感到快乐与满足? 无论你追求的胜利是事

业、运动或艺术的成就，还是仅为个人的成功——例如获得配偶的尊敬和欣赏、子女的敬仰或朋友的信任，甚至整个世界对你的推崇，总之你现在正在使用你的时间，所以你尽可以学着使自己成为一名快乐者，来改善你的人生，并在你的工作和人际关系的经验上，寻求更大的成功。现在就为你的成功与成就下定义，并去实现你的梦想吧！

自信、自重与自尊的感觉是否会增加呢？这种感觉是否能够由名誉、智慧、勋章、高官或财富来获得肯定呢？或者这些是得自于贡献服务后的感觉？或者都不是？

无论你心中所蕴藏的渴望是什么，只要你能衡量出它们对你的意义，它们就值得你尽力学习如何朝它们迈进。

你是唯一知道自己心中渴望的人，你才是最佳的判定者，你知道什么能够使你微笑、什么能使你的人生有意义，至于你个人所认为的胜利是什么，那无关紧要，因为你"值得拥有"一切你所希望的胜利与成功。

只有少数人能像历史上伟大的领导者，可对人类造成影响，或把人们从苦难和空虚中解救出来。依此看来，或许你会问：要成为一名胜利者是否需要超人的能力？是否必须有余绰的空间足以使他在平凡的日子里创造成功的故事？而整日为金钱股票交易或生活忙碌的"凡夫俗子"，是否能够与配偶建立良好的婚姻关系？他们是能否有所进展而跻身于上流社会呢？

依据现实生活的变数法则，你所得到的可能会比你所要求的还要多，但你所希望的梦想永远不会太奢侈或太卑微，而你向上奋斗的活动区域，也永远不会太小或太大。你的肯定不是决定于活动区域的大小，而在于"你将在里面扮演何种角色"。

无论你仅只是对自己负责，还是执掌一个拥有千名员工的庞大集团，你都必须获得家人、朋友、邻居与同僚的肯定——最重要的是，你必须先求得对自己的肯定。

真挚地对自己说"我是最重要的人"

人类大部分的行为都不可思议。

为什么推销员会对某个顾客毕恭毕敬，并且说："是的，先生，我能不能替你服务？"但对另一个顾客则不理不睬；一个男人愿意替一个女士开门，而不愿替另一个开门；一个员工对某个高级职员百依百顺，却对另一个置之不理；或者我们对某个人所说的话会聚精会神地听，对另一个却无动于衷。有些人只能受到"嗨！马克！"或"嗨！布迪！"那种招呼，有些人却能享受到"是的，先生"那样真诚的礼遇。有些人能自然地表现出自信、忠诚与令人赞美的风度，有些人则做不到这一点。

仔细瞧瞧，你会发觉，那些真正

受人敬重的人，都是最成功的人物。

这究竟是什么原因呢？我们可以把这浓缩成两个字，那就是：思考。思考确实能使我们做到这一点。别人对我们的看法，与我们对自己的看法相同。我们都会受到那种"我们自以为是怎样"的待遇。

思考确实有这种功效。那些自以为比别人差一截的人，不管他实际上的能力怎样，一定会真的比别人差一截。这是因为思想本身能调节并控制各种行动的缘故。如果一个人自己觉得比不上别人，他就会表现出"真的"比不上别人的各种行动，而且这种行为感觉无法掩饰或隐瞒。那些自以为"不很重要"的人，就真的会成为"不很重要"的人。另一方面，那些相信自己具有"承担重大责任的能力"的人，就真的会变成一个"很重要"的人物。

所以，若想变成"重要人物"，就必须先使自己承认"我确实很重要"，而且要真正地这么觉得，别人才会跟着这么想。下面我们举出关于这种思考的推理原则：

你怎样思考将会决定你怎样行动；你怎样行动将决定别人对你的看法。就像你自己的"成功计划"一样，要获得别人的尊重其实很简单。为了得到别人的敬重，你必须先觉得自己确实值得人敬重，而且你越敬重自己，别人也会越敬重你。请你想一下：你会不会敬重那些在破旧街道上游荡的人呢？当然不会。为什么？因为那些流浪汉根本不看重自己，他们只会让自卑感腐蚀他们的心灵而自甘堕落。

自我敬重的感觉所产生的作用会不断地在我们所做的每一件事上显示出来。现在，让我们把注意力转到一些特殊的方法上，以便增加自我敬重的感觉，从而得到别人更大的敬重。

这个原则就是：你的仪表本身"会说话"，要使你的仪态说出一些积极的事情才好。每天上班以前，务必使你看起来就像你理想中的重要人物一样。

明天就开始观察，究竟是谁才会在饭馆中、公共汽车上、拥挤的走廊上、商店以及自己的工作场所最受敬重、最有人缘。

请你记住，你的穿着会对你自己和别人显示你的内在，一定要使你的穿着表现出"这里有一个很自重的人，他真的很重要，我们也要重视他"。

你应该使别人都能看到你的优点，更应该创造出完美的形象。

看清事实的真相

自己的一只眼睛，胜过别人的一双眼睛——波兰谚语。

这句话的意思是要我们以自己的眼睛，去确定事实真相，但它的意思也并非要我们完全不相信别人。即使别人无意于说谎，但他对你描述某件事情时，必定会掺杂自己的想法与意见。虽然他是无心的，或者是要帮助你了解事实真相，但你的所见所闻，却已失真了。

当然，这种事情偶一为之也无伤大雅，但是你不尊重自己的眼睛，却只相信别人的看法与评论，长此以往，你可能因而失去判断的能力及个人独特的见解。

世上没有绝对的东西，每一件事也因个人衡量的标准、立场不同，而改变其价值，因此，善加利用你的双眼，别人的判断并不能代表你的思想，传说中的真理是不可靠的。仔细地观察，必对你的人生有所启示。

除了依赖眼睛之外，还要善用头脑。任何一件事都要经过判断，是非善恶的观念也由此而生。这一点正意味着，无论处于何种时代，人间的智慧永远主宰着一切。

坚持自己的信念固然重要，但改变错误的想法与坚持信念，是不发生冲突的。

所谓信念，就是行为根据的一种思想，而它就在无形中支配自己的行为。有些人常自以为想法非常正确，而盲目地遵守自己的原则。事实上，这种自以为是的潜意识已经有所偏差了。这种固执己见，不愿接受他人意见的人，往往都是由于缺乏自信。他们觉得修正自己的意见，就好像败给对方一样地狼狈。也因此，他们永远在心中做矛盾的挣扎与无止境的逃避。

而富有自信的人，他们能坦白地接受别人的批评与意见，然后加以冷静地分析，领悟出为人处世的道理，借此修正自己思想上的偏差，也因此，在人生旅程中，他们无往不利。

我们不妨看看那些在做人方面失败的例子：他们不仅无法坦然地接纳别人的意见，甚至妄想对方忍受自己的顽固，他们不顾人际关系的恶化，殊不知这种自以为是的思想，是阻碍进步的最大敌人。

坚持自己的原则并非坏事，但太过于坚持己见，往往是受挫的主要原因，有了这样的警惕与教训，难道我们还要重蹈覆辙吗？

你是自己命运的创造者

在意大利威尼斯城的一座小山上，住着一位天才老人。据说他能回答任何人提出的问题。有两个小孩想愚弄这位老人，他们捕捉了一只小鸟，问老人："小鸟是死的还是活的？"老人回答："孩子，如果我说小鸟是活的，你就会握紧你的手把它弄死；如果我说小鸟是死的，你就会松开你的手让它飞掉。你的手掌握着这只鸟的生死大权。"

这个故事没有一丝渲染，也没有一丝保留。你手中握着失败的种子，也握着迈向成功的潜能。你的手有能力，但是必须用在正当的地方，才能得到应有的报酬。

成功是没有止境的，成功之后会有较大的成功，较大的成功后面还有更大的成功。一旦在你的心目中有了一个可以依赖的人，前程便无限宽广，你的理想也就能够实现了。

这个可以依赖的人就是你自己！

在你按照本书所列的练习和待人处世的方法去做时，你将会体验到一种新的自信，并且感受到自己的价值。在你开发自己所特有的资源过程中，你将会明白"爱上你自己"在心理上是多么重要。

同时，你对别人的爱慕敬重之情也将与日俱增。你的朋友和家人将会看到你发生的变化，感受到你向他们发出的蓬勃积极的信息。

你有能力去——

⊙使自己变一个样子；

⊙让你的生活带来变化；

⊙把你那些导致挫折的毛病改造成为制胜的诀窍。

你有能力去——

⊙发展自己；

⊙积极地影响他人；

⊙改善周围的环境。

你有能力去——

⊙感到自尊；

⊙感到自重；

⊙感到自信。

你有能力去实现你的理想，获得你自己所向往的幸福与满足。你体验到成功那种汹涌澎湃的激情时，将会感到幸福！幸福与成功是会繁衍滋生的。幸福与成功就在你的身边，幸福是你自己的感觉，成功就在你的手中。

向自己推销自己

你想变成什么样的人，就真的会变成什么样的人。你以为自己更有分量、更有价值时，就真的会更有分量、更有价值。

有一个汽车推销员讲述他自己发明的成功之道。"我每天都必须抽出2个小时，打电话给客户来安排展示样品的时间。3年前我开始推销汽车时，这是最麻烦的问题。我当时很害羞，又有点害怕，我的声音在对方听来的确如此。我用电话联络的客户，如果用'很抱歉！我没兴趣。'这种辞令来拒绝我并且立刻挂断，简直易如反掌。"

"每个礼拜一早上，我们的经理就会开会，谈谈'鼓励人心，提高士气'的事，他真的使我'心情开朗'，而且使我在礼拜一的时候，接洽到更多的展示机会，但是问题在于礼拜一的旺盛士气与辉煌战果很少持续到礼拜二以后。"

"我忽然灵机一动，既然那位经理能帮我打气，使我勇敢地面对工作，为什么我不能自己为自己打气呢？为什么在电话访问之前，不先给自己打气呢？我当天就决定试试有没有效。我没跟任何人讲就走出办公室，很快就在空地上发现一部空车，然后在里面对自己说：'我是个优秀的汽车推销员，而且正准备变成最好的汽车推销员。我专门推销高级汽车，已经做成许多生意。我正要联络的那些对象都很需要那种车，我正要卖给他们。'"

"哈！这个自我充电法真的很管用，在这以前我从没感觉过电话联络会那么顺利，我很想回味一下这种经验。现在我已经用不着坐进汽车，才能对自己打气了，但是我仍然使用这种技术。在我拨电话以前，我曾提醒自己：'我是一个一流的推销员，正在努力获得成就，我一定会有大收获。'"

这个创意不是很好吗？要想全力以赴，必须先使自己有全力以赴的感觉。找一句打气的话，这样你就会发觉你确实更伟大、更坚强。

在史华兹主持的一个训练课程中，每一个学员都要针对"当一个领导人才"的题目演说10分钟，其中有一个学员表现得很糟糕。他演讲时，膝盖不知不觉弯曲起来，双手也在发抖，把原先要讲的话忘得一干二净。他结结巴巴说了五六分钟后，好像要崩溃似地坐回座位。这次会期结束以后，史华兹请他下次提早15分钟来。

下次会期他真的提早15分钟来了，史华兹就和他讨论他昨天晚上的演讲。史华兹要他尽量回想演讲前5分钟时，他的想法到底如何？

"喔！我当时认为'我会吓坏了'，马上就要当众出丑，我心里七上八下的，一直很不安。我一直在想：'我所说的领导人物究竟是谁呢？'我努力记住原先想说的话，但是脑子里只有一片空白而已。"

"答案就在这里了。"史华兹说，"你在演讲之前，就给了自己一个很恐怖的心理打击。你认为自己会失败，这难道不是你的演讲不理想的原因吗？你应该鼓起勇气才对，可是你却为自己带来恐惧。"

"今天晚上，"史华兹继续说，"在演讲前4分钟，就照我的话去做。我要你替自己的演讲打打气，走到对面那个空房间对自己说：'我正要发表一次伟大的演说，我已经想到那些人想听的许多事，我真的很乐意对他们说。'请你满怀信心地多说几次，然后走进会议室开始演说。"

真希望你也能亲身体验其中的奥妙，那段简短的自我鼓励的话，真的帮他发表了一次成功的演说。

请记住这个信条：要欣赏自己，不要自暴自弃。

请你想出对自己推销自己的合适说法。请先想想美国最普遍的一种产品"可口可乐"。你的眼睛或耳朵每天都会接触到跟"可口可乐"有关的消息好几次，那些制造"可口可乐"的人，一直继续不断地对你推销"可口可乐"，每一次都有冠冕堂皇的好借口。他们一旦停止推销时，你的购买兴趣就不会那么浓厚，最后真的会冷淡下来，那时，"可口可乐"的销售量就会显著下降。但是可口可乐永远

不会如此，他们尽量采取"不断推销"的各种计策。

我们每天都会遇到一些要死不活、醉生梦死的家伙，他们不想继续推销自己，他们缺少对于自己的尊重。这种人很随便，觉得自己很渺小，像个无名小卒，正因为他们这么想，结果真的就变成这样了。那些要死不活的人都需要好好激励一番，要觉得自己是个一流人物，要对自己有点自信才好。

汤姆·史特莱先生是个到处吃得开的响当当的人物，他把每天都对自己推销自己3次的座右铭叫做"汤姆·史特莱的独家60秒说辞"，随时都放在皮包内。下面就是他的说辞：

"汤姆·史特莱先生遇到汤姆·史特莱先生——一个很重要的，真的很重要的人物。汤姆·史特莱先生，你真是了不起的思想家，所以要像思想家那样设想每件事情美好的伟大的那一面。你已经拥有完成一流工作的许多能力，现在就去从事一流的工作吧。"

"汤姆先生，你确实相信自己拥有快乐、进步与繁荣，所以你只能谈论你的快乐，只能谈论你的进步，只能谈论你的繁荣。你的干劲十足，汤姆先生，你充满干劲，所以把这些干劲用到工作上吧。任何一件事都不会使你停步不前，汤姆，真的没有一件事情可以阻止你。"

"汤姆，你做事很热心，就让你的热心一直陪你做事吧。汤姆·史特莱，你昨天很了不起，今天要更了不起，现在就这么努力吧。汤姆，向前迈进吧！"

汤姆认为这段说辞能帮助他成为更成功、更有影响力的人，"在我开始对自己推销自己以前，"汤姆说，"我认为自己处处不如别人，可是一念完这段话，就觉得已经具备成功的条件，而且我也正在努力获得成功，我一直在继续努力。"

下面是建立你的"推销自己"的说辞的方法。

第一，先选出你的各种资产，亦即你的优点。要问你自己："我有哪些优点？"在分析自己的优点时，不能太客气。

第二，用你自己的口气写下来，把它编成一段短文。如果有什么疑问，可以参考汤姆·史特莱的说法，请注意他怎么对自己说话。然后把这篇短文念一遍，要念得滚瓜烂熟才好。这时不要想别人，只想自己，因为你是对你自己说的。

第三，每天至少要大声说一遍，如果在镜子前面练习更好。要全神贯注地说，要慷慨激昂地说，直到热血沸腾，精神百倍为止。

第四，每天要默读好几次，需要鼓起勇气做什么时，更要读一次。请随身携带，以便必要时马上派上用场。

我们还要提到一点，有许多人，可能绝大多数，对这个成功之道半信半疑，那是因为他们不相信成功是由合理的思想所致。千万不要这么想。因为你不是一般人。如果现在你仍旧不太相信"对自己推销自己"的原理，请向那些事业有成的人打听一下，看看他们有什么想法。你一旦问清楚了，就一定要开始实行"对自己推销自己"。设法提高你的思考能力，使你像重要的人物一样思考。

提高人的思考能力，会帮你提高各种行动的水准，使你更成功。

越向内在的历练

每个人都是独立的个体，每一独立的个体具有的特质不会重复，亦无从比较。一个人"生为何人"，首先取决于遗传、家世、社会、教育、朋友等，我们的生命可能随着这些周围的先决条件，而显得丰富多彩；相反地，这些既定的环境因素也可能影响到我们心智与情绪的发展，使得以后的生活陷于复杂、产生矛盾与遭遇挫折。因此，生命之丰富刺激或消沉挫败，都是影响人格发展的因素。

我们拥有生而为我的权利，这是个不容争辩的事实，只是这原始的我未必就是未来的我，未来是随着每个人的愿望与学习过程而不断改变的。我们拥有选择自我的权利，不论这个自我与别人多么不同；我们亦有感觉的自由，不论这种感觉是否为他人侧目。这并非意味着我们随时要与别人发生冲突或敌对，而是每一个人都有权利选择、发展适合自己的生存之道，且能彼此和谐共存。

的确，幸福操之在个人的手里，一旦脱离自我，步入歧路，结果只会走上绝望之途。我们不可能在他人身上找到自我，我们既不可为他人而活，亦不能利用别人做任何自我的肯定。我们不能照着别人的意旨行事，因为别人的要求未必是合适的，我们所应依赖的还是自己，这是很简单的道理，但有时却是人类心智挣扎与痛苦的导因。达成别人的期望有时易如反掌，只是，如此往往使得我们迷失自我，造成梦想与希望的破灭，不但失去真我，还会招致被抛弃、软弱与无能的评语。我们真正需要的是维持自我——一个完美的自我，这就得借着对自我的认知，付诸行动去达成。我们必须先接受自我及发掘自我的潜能，而后才能接纳整个生命，再通过良善、爱心、平静、喜乐、耐心与自我锻炼等途径，达到自我的认知。这个过程中绝不可存着占有、控制或支配他人的欲望，自然也不可受制于人。我们应当决定自己所走的方向，摒除外在的羁绊，越向内在的历练，从而肯定自我。自然而然，我们便可以渐渐培养出自我的智慧与力量，知道如何包容与抗拒，懂得动与静的取舍，及如何去影响他人或受他人影响，而后才能开创环境或适应环境。我们不再是受外力操纵的傀儡，而是由自我产生

CHENGWEI RENSHENG DE YINGJIA

一股强烈的力量，创造自己的人生。

人类对其所作所为都有选择的权利，只要拥有丰富的想像力与创造力，那么所采取的行动与所做的选择便能表现自己的能力与意义。譬如对某些极端的人而言，他们曾以谋杀、自杀及发狂等剧烈而狭隘的行径来逃避绝望。对其他某些人来说，遭遇绝望之余几乎陷于瘫痪，更别说采取行动了。然而，世上亦存在着一些生命力强韧的人，在经历痛苦、伤害、恐惧等种种挫折之后，身心仍旧运作如常。心智越不健全的人所采取的行为途径越是贫乏；而身心健全的人越能做广泛的抉择，他能将自己和环境做最有利的配合与应用，对生死的抉择、智愚的判断、忧喜的取舍自然是明智的。

想忠于自己的人未必能免除悲剧的发生，因为外在的环境与其变化无常随时都可能造成挫折，以致我们对于生活的平静、欢愉与爱产生怀疑，且以为快乐与恐惧是同时存在的。我们无法平息一阵狂风，亦无法停止一场暴雨，也不能叫我们所爱的人永远不离开我们；但是我们对这些灾难所产生的反应却可以决定我们日后是否能够继续做一个充满活力、身心健全，能够发挥天赋本质的人。换言之，明智的人懂得巧妙地适应生活中各种痛苦与快乐，他们有时将生命的责任托付于外在的力量，有时却又承担起自我创造、亲身体验生活甘苦的重任。

第七章　友谊是你成功的助动力

　　一个成熟的人，唯有在与其所生存的世界发生血脉相连的亲密关系，以及和他周围的人们及环境产生感情之后，才能找到自己和他的根。

——艾里奇·弗拉姆

　　你的理想跟你自己之间有一道鸿沟，想要跨越这道鸿沟，你必须依靠别人的合作与认同。

　　曾经有这样一个《值得》的故事。二战期间，为和德军争夺一个高地，盟军派出一支先锋冲击队。卡尔紧张地盯住先锋队员的身影，他的好朋友汤姆在先锋队里。

　　汤姆背着冲锋枪刚刚跃过一个战壕，德军的一排子弹射过来，他倒下了。不一会儿，其他的战友也相继中弹倒下，战场上开始了短暂的寂静。

　　卡尔扔下了望远镜，跑到司令跟前："先生，我得把汤姆背回来。"

　　"你疯了！"司令训斥道，"汤姆可能已经死了。上头已经下了命令，我们必须准备撤退。"

　　"不，我一定得去。"卡尔说完，头也不回地向战壕冲了过去。

　　德军的子弹又响了起来，卡尔的身体晃了一晃，扑倒在地上——他的腿部中弹了。他抬头向前望望，汤姆就躺在他斜前方10米远的地方。他用尽了力气爬到汤姆身边，扳起了他的头，汤姆的脸苍白如纸，他已经气若游丝，他摸索着抓住了卡尔的手，嘴唇颤抖着，"卡尔，"他尽了最后一点力气说，"我就知道，你会来的。"

　　朋友是了解你和爱你的人。当你快乐时，他们由衷地为你快乐，当你有困难时，他们始终不离弃你。我们在生活中不时会受到打击。这时，唯一支撑我们活下去的信念，便是知道有人关心我们。

　　友谊跟感恩一样，不是自动到来的。它是我们把自己交付给所爱的人的结果，没有比这种报酬率更高的投资了。同样地，我们努力追求到的名与利，若没有人跟你分享，是毫无价值的，因此我们个人的成功，要从培养友谊着手。

拥有一个知心朋友，对人而言，是一生中最宝贵的资产。

爱因斯坦曾说过："世界上最美好的东西，莫过于有几个头脑和心地都很正直的真正的朋友。"

罗曼·罗兰曾说过："谁要是在世界上遇到过一次友爱的心，体会过肝胆相照的境界，谁就尝到了天上人间的欢乐——值得终身为之相守的欢乐。"

你需要他人的认同

孤立，对绝大多数人而言是个可怕的字眼。我们对于友谊有着极强烈的渴求，每个人都希望获得朋友的支持。我们生来便具有追求感官与生理满足的本能，此外，我们还需要教育、鼓励、情感和爱情。我们面临着两个抉择——亲密或孤立，若是选择了前者，那么我们必须放弃某些东西，重新调整自己的生活；若是选择了后者，则可能对一个人的成熟构成威胁。一般而言，多数人还是宁愿选择亲密。

一个成熟的人，他势必渴望自己能有所生产，进而把他的成就贡献于世。他希望有所创造，而将之分享于大众。他怀着满足和愉快的心情去面对生活和工作，正如奥图·雷克所说——犹如一位艺术家，这里所谓的"艺术家"并非指从事写作或绘画者，而是能把工作与生活艺术化者，他们将自己的才能投注于工作上，同时发挥自己的想象力，开创自己的生活。这些成熟的追求生活艺术者有着共同点，那就是自然、有弹性、接受力强、勇于接受新的挑战、具有科学家的精神。他们通常能与外在环境和谐共处，但是在开创生活的过程中，却是十分独立的。他们视生存为一连串的选择，决定自己的选择为何，然后对自己的选择负责。尽管他们可能不完全苟同这个社会以及其他的人，但是他们对于这些人依然怀着一份敬意和感激，甚至还很在乎他们。他们确信自身的需求和潜能常会和别人冲突。但是他们却认为"冲突"将是推动他们成长与改变的一股巨大的力量。

在我们的成长过程中，的确有需要别人认同的时刻。真正的成熟，应该是一股结合自己与他人的力量和热量的强大力源，它必须自愿放弃某些欲求才能做得更完美。而经由这一层亲密的人际关系，我们可以走进别人的世界，同时也可以得到对方的忠实回报。正因为如此，我们才会觉得要去爱一个普通朋友反倒比去爱你的爱人容易得多。

一开始，我们会发现"亲密"只是人际关系的一种，它可以从社会关系和性关系发展成为更深的友谊以及永久的结合，譬如结婚。人际关系和友谊，可以提供个人分享别人经验的机会，可以彼此交换情报和心得，更可以引导你如何不感到孤独与烦恼。但是研究结果显示，惟有进一步的亲密关系（例如同居或结婚），才能提供给我们一个值得信任、有安全感、可相互鼓舞的成长环境。

由于与大自然和其他人有着一份关系存在，成熟的人通常有着极为深沉的心思。他们充分地利用自己的潜能，将自己视为生命中神秘的一部分，把他们的爱、欢愉和智慧毫不保留地与别人分享。

在本质上，机能完全成熟的人仍会不断地成长，因为他们十分明白"成熟"并非一个目标，而是一个过程。他们很清楚自己是谁，自己想成为什么样的人，以及自己的权利为何。

成熟的人，最基本的能力就是与别人发展出亲密而有意义的人际关系。他们是重感情、感性的，同时也是世故的，善于结交朋友。他们愿意接受进步中的改变，不管它是属于个人的、别人的或是社会的。同时，他们是自觉、富有创造力、有幽默感，能和这个世界和谐共处的一群人。

成功有赖于他人的支持与合作

你必须清楚地知道自己需要外界的哪些协助，只有这样，你才能实现自己的愿望。这就如同一块肥沃的土地，虽然土质良好，但如果不浇水，种子一样无法生长。在追寻快乐与物质成就的过程中，足够的关爱与支持会使你从错误中学得经验，不断成熟。如果生命中缺乏这些养料，我们就很

容易对过去心存怨怼，从而错失了由错误中学习的机会。

你的理想跟你自己之间有一道鸿沟，想要跨越这道鸿沟，必须依靠别人的支持与合作。

主管必须依靠下属的支持与合作才能使业务正常进行，否则老板就会把他免职，而不是把他的下属免职。推销员必须依靠别人购买他的产品，否则就做不成生意。同样的道理，大学院长必须依靠教授来推动各种教育计划的实施；政治家必须依靠选民的支持；作家必须依靠读者阅读他的作品；大老板也必须使员工愿意接受他的领导，同时消费者喜欢他的产品，才能成为企业家。

历史上确实有过用武力夺得地位（例如夺得皇位），并且维持权威于不坠的情形。当时那个时代，一般人不得不顺从，否则就会被杀头。

但是今天，你只能使人自愿支持你，而无法强迫他。

现在你应该问问自己："既然需要别人的支持才能成功，那么应该怎样才能得到别人的支持？"答案是善待别人。只要你真心善待别人，别人就会自动支持你。

下面这种情形每天都会发生几千次。每天都有许多人聚在一起开会，考虑一个职位的升迁人选、一个新的工作机会、俱乐部会员资格的审查、决定一项荣誉的授予，准备选出新的董事长、新领班、辅导人员、新的经

理。司仪适时提出一个名字，主席就会征询大家的意见："你们对某某人的看法如何？"

接着有许多不同的评论。有些名字会得到这种评语：

"他是个好人。他那边的人对他评价都很高，技术也不错。"

"F先生啊？噢，他很合群，风度很好，很亲切。他会跟我们相处得很好。"

另外一些名字只能招来一些消极的看法：

"我们应该小心一点，他好像很孤僻。"

"他的学识和技术不错，能力也很强，但只怕大家不愿意接受，因为人们不敬重他。"

根据以上的评论我们可以知道，十之八九的情况中，"亲切"都是优先考虑的重要因素，甚至比技术更重要。

这个原则即使在挑选教授担任行政工作时也很适用。你也许会碰过很多次"聘用新职员"对于候选人的考虑过程。提名时，所有的人都会想到："这个人适不适合？""学生喜不喜欢他？""他会不会跟同事合作？"

不公平吗？没有道理吗？一点也不。如果候选人不够亲切，不受欢迎，他就无法跟别人坦诚相处，发挥最大的效益。

有一项成功的基本原则，我们要多加体会，牢记在心。

这项原则就是：我对他可能不怎么重要，但是他对我却关系重大。要争取友谊，赢得人心，因为，成功有赖于他人的支持与合作。

顾及他人的立场

假若说成功是有秘诀的，那就是要具备体谅别人立场的能力，也就是以自己的立场观察，以别人的立场思考的能力。

具备站在别人的立场来观察事物的能力，有两层意义。

第一，你可以了解别人心里的想法，做出配合他所需要的事情。例如替顾客服务，需要先了解消费者需要什么样的商品，以及如何建立良好的人际关系。

第二，在面对某种竞争时，可预知对方将采取何种手段，而事先研究出对付的方法，即所谓的"知己知彼，百战百胜"。

不时会有人要辱骂你、对你咆哮、挑你毛病或是要将你扳倒，如果你没有做好心理准备，你的信心就会受到打击，使你完全溃败。

假若能了解对方的立场，配合自己的立场，做各方面的观察与比较，那么就可以发挥正反两方面的能力，而这两种能力可说是成功不可或缺的条件。

史华兹博士在这里介绍了他某次在孟非斯旅馆的服务台看到的一则能

体谅别人，站在对方的立场看问题的好例子。

时间是在下午5点多，旅馆正忙着为新顾客登记，排在前面的一位客人以命令的口吻报出他的姓名。服务台职员很快地说："是的，R先生，我们已经为你预备了一间上好的单人房。"

"单人房？"那位仁兄大叫，"我订的是双人房。"

服务员很有礼貌地说："先生，我再检查一次好了。"他抽出旅客预订房间的资料来看，然后说："很抱歉，先生。你的电报明明指定要一间单人房。如果我们有任何空余的双人房，我是很愿意为你安排的，但是我们确实没有多余的双人房。"

那位愤怒的顾客说道："我不管那……那份电报说的是什么，我就是要一间双人房。"然后他开始骂："你知道我是谁吗？我会想办法让你被解职。你等着瞧吧，我会让你被解雇的。"

在咒骂声中，这位年轻的服务员只能竭尽所能地安抚："先生，实在非常抱歉，但我们的确是依照你的指示来办的。"

最后这位顾客实在火了，便说："既然这旅馆的管理这样糟，我是不会住进去的。"就怒气冲冲地离去了。

史华兹接着走向服务台，想到这位服务员刚受到这么恶劣的责骂，可能会很消沉，可是他却依然很热忱、愉快地招呼："晚安，先生。"当他处理史华兹的房间订单时，史华兹对他说："我非常欣赏你刚才的表现。你实在很善于控制自己的脾气。"

"先生，"他说，"我实在没有必要为那种人生气。你晓得，他其实并不是在对我发脾气，我只是个代罪羔羊。这位可怜的家伙可能跟太太有严重的摩擦，可能他的生意快垮了，也可能是他感到处处不如人，而这是使他感到像个大人物的大好时机。我只是给他机会，让他失调的系统获得一些满足感。其实，他可能是个很好的人。大部分的人都是如此。"

当史华兹走进电梯时，他不断大声重复："其实，他可能是个很好的人。大部分的人都是如此。"

下次有人跟你作对时，要记住这两个简短的句子，控制自己的情绪。在这种场合获胜的方法，就是让对方尽量发泄，然后忘掉它。

每个人都有以自我为中心的意识，而这种现象也就成为体谅别人的障碍。假若在任何场合中，都只感觉到自己的存在，而常常忽略别人，这种人要求他体谅别人的立场，简直太难了。他们以自我为中心的倾向很强烈，所以，要改善他们的人际关系，必须先压抑这种性格。

在日常生活中，应仔细观察周围的人，时常在脑海中假设他人的心理与行为，且不管发生任何状况，都应考虑到别人的感受，虽然这实行起来并不容易，但却可作为了解别人心情的训练。

此外，脑海中必须常有这种想法：如果我是他的话，这件事我将如何处理？如此常可意外地获得解决问题的方法。

假若你有这样的耐性，那么即使原本非常惹你讨厌的家伙，且被列为拒绝往来的对象，也可能因你对他的了解，而改变你们的关系。

友谊和好感是买不到的

历史上的伟人和那些工商界、艺术界、科学界、政界方面的知名人士都很随和，都有"喜欢别人"、"善待别人"的特征。

请你多多注意这一点：一个人并不是被人提拔上去的，而是被人捧上去的。今天这种时代，谁有时间和心情来提拔别人，那些步步高升的人都是由于良好的工作记录才爬到更高的职位上的。

我们都是被那些认为我们"和蔼可亲，风度良好"的人捧上来的，每一个朋友都会使你往上爬一步。你具有的受人欢迎的条件，将使你更容易出人头地。

真正的成功人物都能遵循一项既定的计划结识别人，赢得人心。高高在上的人不会多谈如何善待别人，真正有名的大人物都有一套"赢得人心"的完整计划。

杰弗逊总统还没当总统前，就已经有了自己"成功的十项要素"。

即使是普通人也看得出他把这些要素做得很彻底。

下面是这些要素的大概：

一、记住别人的名字。这方面如果成绩欠佳，就表示你对这个人不够重视。

二、态度要大方。别人会很自在，自己也很坦然。

三、培养轻松活泼的个性。做事不要太紧张，以免喘不过气。

四、不可自高自大。千万不要表现出"无所不知"的尖锐。

五、培养幽默风趣的言行，使你的朋友如沐春风。

六、找出自己的缺点，并加以纠正。

七、消除你的错误观念，不要随便发牢骚。

八、学习喜欢别人，直到自然而然做到为止。

九、恭喜有成就的人，安慰忧伤的人。这些机会都不能错过。

十、随时让人感觉出你的朝气，这样他们就会对你另眼相看。

这十个要素使杰弗逊总统获得选民的支持，也获得国会议员的支持，因而步步高升。

但是，不要尝试去购买友谊，因为友谊不是金钱买得到的。如果礼物背后的感情非常纯真，送者有心，受者有意，送礼本身就是一种好办法；

如果没有那份真情，所送的礼物就没有什么意义了。

有一年圣诞节的前几天，史华兹到一家公司找董事长接洽公事。他刚要离开时，有一个送货员抱着几瓶提神酒走进来。这些礼物是从当地一家很讨厌的商店里买来的。董事长当时很生气，他冷冷地命令送货员退回去。

送货员离开以后，董事长立刻告诉史华兹："不要误会！我其实很喜欢礼物。"

然后他说出好几样礼物，都是从商场上的朋友那里收到的。

"但是，"他说，"为了拉我的生意才来贿赂我的话，我就不会接受。我3个月以前就已经跟他们断绝往来，因为他们的成绩太差，我也不喜欢他们的员工，但是他们的推销员一直来打扰我。

"我最气的是，"他继续说，"上个礼拜那位推销员又来时，居然对我说：'我相信我一定能争取到你的生意，我会叫工人今年一定好好做。'如果我不退回他们的礼物，这位推销员下次再来时，第一句话可能就是：'你已经收到我们的礼物了，是不是？'"

如果我们一定要用金钱去购买友谊和支持，就会有两个结果：

一是浪费金钱。

二是自取其辱。

天下没有十全十美的人

曾有一个同事跟史华兹一起受聘过滤某一推销工作的应征者名单。其中有一个——姑且叫他泰德，条件确实很好，智商很高，仪表出众，看起来野心勃勃。

但是后来却因一些事情不得不把他剔除。原来他太挑剔，对许多小事都会不耐烦。例如做事方法上的错误、爱抽烟的人、奇装异服的人等，都使他看不顺眼。

泰德知道后不敢相信，但他非常希望被录取，所以要求他们告诉他如何改进。

史华兹建议他三件事：

一、天下没有十全十美的人。有些人比较完美，却没有绝对完美的人。大部分人的行为都有毛病，每一个人都有缺点，而且这些缺点五花八门、无奇不有。

二、要接纳别人的做法。千万不要因为别人的习惯跟你不同，或别人的衣着、宗教信仰、政党派系以及汽车品牌的选择与你不同，就不喜欢他们。你不见得一定赞成别人的做法，却不能为了一件小事而排斥他。

三、不要处处想改变别人。要多多包涵别人的错误，绝大多数的人不喜欢别人对他说："你做错了。"你可以坚持你的意见，但是不能太任性。

泰德先生立刻纠正自己，几个月

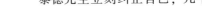

以后果然大有进步，他的言行使人刮目相看。他现在很懂得接受别人，不那么偏激了。

"此外，"他说，"我以前讨厌的事情，现在也觉得很有趣了。我突然领悟到：'如果人人完全相同，人人都很完美，这个世界就会无聊死了。'"

没有一个人样样都好，也没有一个人样样都不好。那种绝对完美的人根本就没有。

不过，你倒是可以做出种种努力，通过培养积极思维使自己向"十全十美"的人接近。

培养积极思维的十项原则为：

一、言行举止像你希望成为的人；

二、要满怀积极、必胜的想法；

三、用美好的感觉、信心与目标去影响别人；

四、把与你交往的每一个人都当做世界上最重要的人看待；

五、使你遇到的每一个人都感到自己是重要的，被需要、被感激；

六、寻找每一个人身上最好的特质；

七、除非万不得已，否则不要谈自己的健康问题；

八、到处寻找最佳的新观念；

九、放弃鸡毛蒜皮的小事；

十、培养一种奉献的精神。

如果你能具备这些好的思想、感觉以及行动，便可以培养一种积极的态度，然后运用具有强大说服力的方式来表现自己，那么，你将塑造出迷人的个性而备受周围人的推崇。

倾听别人会有所助益

千万不要说个没完，要多听，多交朋友，多学习。

让别人多说的风度，是一种最好的镇静剂。到目前为止还找不出一种药方在缓和精神紧张这方面的功效，能达到你为别人设想的功效的1/10。善待别人会帮你消除紧张与受挫情绪。精神紧张最大的原因是对于别人种种消极性的感觉。请你尽量用积极的态度去对待别人，你立刻就会发现这个世界很不错——真的不错。

一个懂得倾听别人的人不但处处受欢迎，而且他还会了解许多事情。

孤独闭塞的心灵很快就会营养不良，想不出人人都热烈需要的新主意。因此从别人那里找点灵感，是最好的补充精神食粮的方法。

在跟各个阶层的人士面谈几百次以后你会知道，一个人的身份地位越高，越懂得"鼓励别人说话"的艺术，地位越低下的人反而喜欢滔滔不绝，口若悬河。

大人物都擅长"听"别人"说话"；小人物反而抢着"说话"给别人"听"。

请你注意这一点：各行各业的领导人物，花在请教别人上的时间比命令别人的时间更多。高级人员在决定一件事情以前，都会先问："你对这件事情有什么感想？""给我一个建议好吗？""在这种情况下你怎么做？"以及"你对这件事会有什么反应？"

请你练习这种方式：领导人物犹如制造各种单位微小的机器。想要制造某种产品，一定需要原料。在决定各种决策以前，所需的原料就是从别人那里"偷"来的各种想法和建议。当然不可能奢望别人给你现成的方法，因为那不是"发问"和"聆听"的主要理由。别人的想法只能帮你点燃自己的内在的火种，以便加强自己的创造力。

一次，史华兹以主任讲师的身份参加了一个经营管理的研讨会，该研讨会有12个会期，每次聚会的高潮是由一个经营者所主持的15分钟的讨论，主题是"我怎样解决最困难的管理问题"。

第9次会期中的主持人是一家奶品公司的副董事长，他的做法别出心裁。他根本没有提到如何解决问题，只宣布他的题目是"公开征求：帮忙解决我最困难的管理问题"。他扼要地解释他的问题，然后征求各种可行的解决办法。为了明确起见，他还带了一个熟练的速记员，一字不漏地记了下来。

散会以后史华兹又碰到他，寒暄时先恭维他那种非常别致的做法。他当时说："这次聚会有几个人很出色，我很想从中吸收一点意见。说不定某

个人的想法会提供我解决'困难'的线索。"

请注意：这位经营者提出他的问题以后，就开始倾听别人的意见。这样做真的会得到许多资料，而且由于大家都有机会讨论，对别的听众也有好处。

你的耳朵就是自己的输入活门。它可以听到许多资料，然后化为有用的创造力。我们无法从自己说的话中学到什么，却能从"发问"和"聆听"中学到无穷的知识。

练习下面三个步骤，利用"问"和"听"的技巧来加强自己的创造力。

一、鼓励别人多说。不管是私人闲谈或公开集会，尽量鼓励别人多说。可用的开场白有："谈谈你在这方面的经验吧？""关于这件事你认为应当再做点什么才好？""你认为关键在哪里？"鼓励别人说话有两点好处：第一，可以吸收别人的想法，来加强自己的创造力；第二，可以赢得朋友的欢心。要别人喜欢你最好的方法莫过于多多鼓励他们说话。

二、利用"发问"请别人为你测验自己的见解，让别人免费帮你修改或增删。要说："你认为这件事到底会怎样？"千万不可独断独行，闭门造车。宣布一个新构想时，也不可说得太武断。要先试探一下，看看是否可行，看看同事们有什么反应，这样很可能会想出更好的办法和创意。

三、尽力吸收别人说话的重点。听话的艺术并不是闭口不说就得了，应该"把别人谈话的重点记在心里"。一般人都会在"根本不想听"的时候假装"洗耳恭听"，他们是在等别人说完好插嘴。别人说话时不但要仔细听，还要适当地评论。这是搜集精神食粮时的正确态度与方法。

正确选择你的心智频道

我们随便想想，都会想出不喜欢一个人的理由。同理，如果仔细想想，也会在同一个人身上找出许多优点，进而喜欢他。

你应该把你的心看成一个广播电台，可以收到各种消息。它有两个频道：P频道（积极的频道）与N频道（消极的频道）。

现在来看看你的广播系统怎么工作。假设今天你的主管（姑且叫他希尔）请你到他的办公室检讨你的工作，他当然会赞扬你工作的长处，同时也建议你应该怎样做得更好。今天晚上你会回想这件事，同时还会对他评论一番。

你如果将频道转到N，N频道就会播出这样类型的话："小心！希尔想要整你呢！他的脾气很坏，你根本用不着他来忠告，简直是胡说八道，不要理他！你记不记得乔先生怎么说他？他说的没错。希尔想要像对付乔先生那样对付你，你要反抗他。下次

他再叫你进去时，你要据理力争。要不然不要等他叫你，你明天就直接走进去问他，他今天的批评到底是什么意思……"

但是如果你把频道对准P的话，P频道就会播出另一类的话："希尔先生是个很好的人。他对我的建议都很对，如果我真的照做，就会做得更好而且更容易升迁。这位年纪很大、思想却很年轻的人帮了我一个大忙。明天我要自动走进他的办公室，对他给我的建议表示感谢。史密斯先生说得对，希尔先生的确是个能够跟我们同甘共苦的大好人……"

如果你听的是N频道，就会跟你的上司起冲突；如果你转到P频道，就会从上司的建议中获益匪浅，同时也会把你们之间的距离拉得更近。他会很高兴你的拜访，你试试看就知道了。

你聆听P频道或N频道的时间越久，就会越有兴趣而难以改变。因为一种思想——无论积极或消极，都会连带引出一连串的反应。

你的意志要很坚决，不让别人的偏见影响你的思维，时时对正P频道。

一旦养成"只看别人长处"的美德后，你一定可以获得更大的成功。以下是一个优秀的推销员亲口讲述他的成功经验。

"我刚刚进入保险业时，的确很艰苦，这一点你一定了解。首先是竞争的代理商太多，几乎跟顾客人数不相

上下。而且我很快就知道，十人中有九人认为自己不需要保险。"

"我现在的生意很好，并不是因为专业知识很丰富的缘故。知识当然很重要，请你不要误会。有些人在保险政策和合约条文方面懂得比我多，他们也在推销保险。我知道有一个人写过一本关于实务方面的书，却无法从一个只有5天好活，行将就木的顾客手上拉到保险，他的业绩少得可怜。"

"我的成功，"他说，"只有一个原因。因为我很喜欢——真的喜欢——我要推销的对象。我再说一遍，我确实非常喜欢他们。有些同行也假装喜欢他们的顾客，可是他们都没有成功。即使是一只小狗，你也无法欺骗。当你虚情假意时，你的举动、眼神和表情都会跟人说：'那是假的，不要相信！'"

"现在当我搜集顾客资料时，还是像每一个代理商那样打听他的年龄、他的上班地点、他的收入、他有几个小孩等。"

"但是我还会找些一般推销员不注意的资料——我喜欢他的原因。可能是他目前的工作，也可能从他的经历中找到。反正，不管怎么样，我都会找些理由喜欢他。"

"然后，不论何时我一想到这位顾客，我就会回想喜欢他的理由。还没开口推销以前，我就已经对他有好印象了。"

"这个办法很管用。因为我喜欢他，所以他也会逐渐喜欢我。原来面对面交谈的方式，不久就变成坐在一起亲密地交谈了，然后顺理成章地谈到适合他的保险了。由于这时我们已经是朋友，所以他相信我对他的判断一定是对的。"

"现在的人不会一见如故，但是我只要继续喜欢一个人，他一定会回心转意，这时就可以谈论正事了。"

"上个礼拜，"他继续说，"我第三次拜访一个难缠的顾客，他一开门看到我，便开始损我，我连说声'晚安'的机会都没有。他就这样不停地数落我，直到最后声嘶力竭不得不停时才说'不要再来了！'"

"当他说那句话时，我只是瞪着他，大约5秒钟后，我婉转真诚地对他说：'S先生，我今天晚上来只是想要和你交个朋友。'"

"当天他就向我投保1万美元的养老保险了。"

难道这不是对待别人的好方法吗？难道不是最简单实用的公式吗？对待顾客，要像对自己的朋友那样友好。

索尔颇克先生是芝加哥有名的家用电器销售大王。他21年前一无所有，凭着自己的聪明与努力，现在在芝加哥每年都可以售出6000万美金的家用电器产品。

索尔颇克先生把他的成功归功于他的顾客。

"顾客，"他说，"应当像自己家里的客人一样招待才行。"

这种方法在商店以外也适用。把"顾客"换成"员工"，变成："我应当像在家里招待客人那样对待我的员工。"用第一流的方法来对待你的员工，就会获得他们第一流的合作与产品。用第一流的方法对待你周围的每一个人才可能会收到第一流的结果。

当你一个人时，只有你自己才能决定听哪个频道，当你跟别人谈话时，对方往往会影响你的思路。

大多数的人都不了解善待别人的意义，所以常常有人跟你说些别人的闲话，几乎人人都有这个经验。

例如，一个同事告诉你另一个同事的小毛病；一个邻居告诉你另一个邻居的家庭问题；或一个顾客想要打击他的竞争对手，便恶意破坏他的名誉，而对方正是你的下一个拜访对象。

思想本身会衍生出许多类似的思想。如果你常听批评某某人的消极评论，你也会渐渐对他有了消极性的思想。这种情形很严重，你必须小心防范。如果你没有提高警觉，可能还会火上加油，突然冒出"对呀！他说的不够完全，我可以补充一下。你有没有听过……"这类的话。

一位自己有一家工商管理顾问公司的人士，当他看到上述的说明时，他说："那正是喜欢别人和尊重别人所得到的正面效果。我愿意再提供一则我的一个亲身经验，说明不喜欢别人和不尊重别人会发生什么效果。"

"我的公司替一家小型的软性饮料公司提供顾问服务，条件很优厚，总值9 500美元。顾客本身受的教育程度不多，他的生意正在走下坡路，最近几年又犯了一些错误，因而损失不少。"

"我们签约3天以后，我带着一个助理人员到他的工厂去实地了解情况。他的工厂离我的办公室大约有45分钟的车程。到今天为止我还想不通，是怎么谈起来的，反正终于谈到客户的消极个性上面。"

"我们还没发觉以前，就已经谈到许多使他进退维谷的错误判断，却没有谈到如何去解决。"

"我还记得我当时所说的一句话，当时还沾沾自喜呢！'唯一能够支持F先生继续工作下去的事情就是他的肥胖。'我的助手当时就笑了起来，同时他也跟着添油加醋：'而且他的孩子，比较小的大概有35岁吧！他有那个职位唯一的资格，就是他会说英语。'"

"那段行程我们什么都没说，只嘲笑我们的顾客是个大傻瓜。"

"当然啦，当天下午的会面很冷淡。我认为他已经觉察到我们对他的批评了。他一定这么想：'这些家伙认为我很笨，只是为了我的钱才说些门面话而已。'"

"两天以后我就收到他的信，信上说：'我已经取消我们的合约，如果到目前为止你们所提供的服务需要交钱，请把账单寄给我。'"

"40分钟的闲言闲语使我们损失

了 9500 美元的合约。更令人难堪的是，一个月以后，他又跟另一家公司签约，来提供顾问服务了。"

"当时如果谈论他的优点的话，就不会失去这位客户了。"

你确实拥有思考的广播系统。你要好好利用它，当你想到别人时，就要马上把思路转到 P 频道，而且养成习惯才好。

万一 N 频道忽然闯进来，要马上把它赶出去。要想顺利做到这一点，必须立刻想到他积极的一面。这个想法会引起一连串的相关反应，继续进行下去，你就会开心了。

主动伸出友谊之手

成功者是积极主动的，失败者则是消极被动的。成功者常挂在嘴边的一句话是：有什么我能帮忙的吗？而失败者的口头禅则是：那不干我的事。

要主动地建立友谊——大人物都是这么做的。

我们通常都想这样："让他先来吧"、"让他先招呼我好了"、"让他先说吧"。

要对别人不理睬很容易，真的很容易，但却不是正当的做法。如果你处处被动，就不可能有很多朋友了。

大人物的特征就是主动认识别人。出风头的人，往往就是最会介绍自己的人。

走到你面前伸出手来，微笑着说"嗨！我的名字叫杰克"的人往往是个很了不起的人。他这么重要，是因为他努力建立友谊之桥的缘故。

你有没有注意到大家等电梯时那种冷冰冰的气氛多难受。除非其中有人相识，否则人人都不会跟身边的人讲话。

有一次史华兹决心做个小实验。他跟等电梯的陌生人说了几句话，然后连续观察他 25 次的反应，结果这 25 次他对史华兹都很友善。

虽然跟陌生人讲话有点冒失，然而大多数人却很喜欢。

当你跟陌生人说一句使他高兴的话时，你自己也会很开心，就像很冷的早晨，使你的汽车温热起来一样高兴。

下面是赢得朋友的六个方法，只要你主动和诚恳，一定可以办到：

一、尽量把你自己介绍给别人认识。在宴会中、在会议中、在飞机上以至于工作时都要如此。

二、让别人知道你的姓名。名片是个好办法，帮助很大。

三、熟记别人的姓名。

四、不可记错别人的姓名。人人都喜欢记得自己姓名的人。把对方的住址和电话号码也记下更好。

五、偶尔寄张便条或打个电话给那些必须进一步认识的新朋友。这一点很重要，大部分的成功人士都会利用信件或电话跟新朋友保持联络。

六、最后一点是跟陌生人说点愉

快的事。它可以使你神采奕奕，做事精神百倍。

实行这六项原则，可以使你善待别人。一般人根本想不出这个办法，他们永远不会主动介绍自己，只等别人自我介绍。

要主动一点，像个大人物一样尽力认识别人。不要太害羞，不要害怕突出。尽量想办法知道别人的姓名，同时也要让他知道你是谁。

请你尽量善待别人。你要时常这样想："我对他可能不怎么重要，但是他对我却很重要，因此我非想办法认识他不可。"

第八章 达观的态度是成功的守护神

> 世界上的每一件美好和伟大的事物，都是由人心中的思想和感情所产生的。
>
> ——纪伯伦
>
> 我们只为自己的反应负责，这就是我们的态度。你怎么想，怎么反应，全凭你自己——积极还是消极。

西方哲言："人是会思想的芦苇。"

人之异于禽犬，亦在于他能思想，人类的文明，就是思想成果之累积。

纪伯伦说："世间的每一件美和伟大的事物，都是由人心中的一种思想和感情所产生的。"

产业革命是因为机器代替手工的思想萌生了，人们不得不扬弃手工作业；近代的民主自由风气影响所及，使得非洲许多弱小国家，纷纷宣告独立，这是民主思想打的胜仗！

人皆有追求真理的热忱，也都有思想行动的自由，在当代，人类的精神特征，就是我思故我在。

唯有不断地思考，才能不断地进步。

有些人成功地度过一生，只因他们秉持自己独特的性情。然而有些人却彻底失败，只能沮丧地了其残生。

我们是他人生命中的一部分，同时也是自己生命舞台的主角。对你我乃至我们所生存的世界来说，未来是一段长远的路，而时刻地改善创造我们的世界，正是各人的人格特性。

"唯有自制克己的人生才有自我实现的可能"乃是一种错误不实的理论。事实上，未能及时把握珍贵的人生，以及未能充分发挥人类天赋特质者，一旦抵达生命终点，达到的并非是真正自我实现的境界，而是懵懂可怜、老态龙钟，形如天地寄蜉。

人类之所以有别于世间其他动物，乃因我们拥有聪慧的头脑。有了智慧，我们可以分辨是非，从周围的环境中汲取精华存入我们的记忆宝库。心灵的成长也是由于经验的累积，在经验中，我们可以拓宽自己的领域。只要我们还有一丝信念存在，我们会持续

地与环境争斗，并不断地成长以适应新的体验与冲击。

只有我们可以教导或改变自己。只有我们自己才能接受挑战，成为一个真正的具有人性的人。只有我们可以迎接自己，重新出发。也只有我们可以决定，是否渴望活得更有意义。

绝望是愚者的理论

19世纪的英国首相狄斯累利曾说过："绝望，是愚者的理论。"尼士也曾说："对任何事情都不可失望，因为在失望的情绪中，产生不了任何东西。"

面临问题时，挑战尚未开始，就已感到绝望，那就等于一切都已结束了。如何期待新局面的开始呢？

这些原则可以在近30年来的伟人传记和心理学等方面的书籍中得到印证。约翰·霍金斯大学的克特·理奇特博士做过实验，研究希望对行为的影响。仅以两只老鼠来完成这个简单的实验。他用手紧紧地抓住第一只老鼠，无论这小东西怎么奋力挣扎，都没有办法逃脱。挣扎一段时间以后，老鼠终于放弃希望，一动也不动地躺着，这时候理奇特博士把它放入一个温水槽中，老鼠立即沉入，甚至不游泳自救。

第二只老鼠并没有经过相同的折磨，被放入水槽后，它很快就游泳逃出来了。

结论认为第一只老鼠由经验中得知自己无法改变状况，无论怎么努力都没有办法，因此，它绝望地不再采取行动了。第二只老鼠没遇到相同的情况，它没有经过挣扎和尝试，不知道什么是绝望，所以一遇到危机，它马上有所反应并采取行动自救。

许多研究也显示，从经验而产生的绝望和无力感，完全是"学习而来"的。许多在医院工作的人也发现，对人生仍抱持高度斗志的病人都活得比较长。此外，充满希望的病人也比绝望者较容易康复。

尽管已面临无可挽回的困境，仍须以"尽人事，听天命"的态度，尽力而为。只要挑战的意志还存在，就仍存有一线扭转预势的希望。本着"凡事不到最后，绝不轻言放弃"的精神，贯彻到底。人一旦丧失了斗志，逃避之心将油然而生，更不用说什么坚持到底、贯彻始终了，而只是急着为自己的放弃找出搪塞的借口。

人为何绝望？为何退缩？这一切都源于当事者的惰性。

有人因失败的教训而成功，也有人因失败的打击而毁灭。同样的过程，却有不同的结果，最主要是由于当事者处理的态度与心情不同。许多人遭到失败就任它自生自灭，甚至采取自我毁灭的方法。

真令人费解！失败本身就是痛苦的深渊，为何竟有人甘心沉溺在其中，而不图自强解脱之道。若因心生绝望之念头，而将某件进行到一半的计划停顿下来，不如尽力而为，抛开一切顾虑。即使失败了，也能从中找寻改正的方法，而使再次的冲刺更能收到效果，相信没有人不懂这个道理。

未经过一番挑战、奋斗，就轻易低头、放弃的人，只有无可奈何地被视为愚者。

为了避免在人生旅途中走上愚者的道路，平时就必须锻炼坚强的意志，因为精力充沛、意志坚强的人，足以抗拒不良精神的腐蚀。

希望就是一切

你对人生的态度，将是你获得胜利的重要因素。面对困难时，正确的人生观可以增加你个人的力量，而自我怀疑和无助感则会减低你的振作力及竞争强度。你的人生观和保持希望的能力，会强烈地影响你向成功迈进的斗志。你面对的恐惧越多，就有越多的精力与动机，去继续接受挑战。当接踵而来的困难障碍出现在你的生活中时，你是否心怀希望？胜利者不会丧失希望，他坚韧不拔，不达目的绝不停止。

希望和幽默是恐惧的克星，它们可以使你循着既定的指标前进，由下面的故事，我们能得到很清楚的例证。它讲的是一个男人抱持积极的心态，从而赢得了生命中最大的一场胜利。

诺曼·考辛斯是加州大学洛杉矶分校医学院里的精神及行为科学系的助理教授。曾担任《周末回顾》杂志总编辑 35 年之久，写过 15 本书，包括关于人类行为的选择、一本自传笔记和一个疾病的分析等。

25 年前，医生们告诉考辛斯，他只剩下不多的日子可活了。也许大多数人听了会一蹶不振，从此委靡下去。但是考辛斯以持续的希望和决心，藐视医生们的劝告，否定他即将死亡的预测。几年中，他创造了医疗自己身体的处方，将维生素 C、肯定的思想、欢乐、信仰、幽默和希望配合着使用。

他第一次注意到自己的健康问题，是在 1954 年，他因心电图显示身患冠状动脉栓塞，而被拒保人寿保险。保险公司的医生告诉这位时年 39 岁的编辑，说他只剩下 18 个月的生命，并要他放弃工作及各种体育活动，在家里好好静养。

考辛斯不愿意放弃活跃的生活形态，他宁愿以兴奋刺激使他的心脏恢复健康。为了生存，他决定研究改变的方法。

7 年之后他仍旧活着，但那时他又患了另一种致命的疾病——僵化脊椎炎，这是一种会引起脊椎骨与关节的相关组织逐渐分解的疾病。考辛斯再一次为了自救而设定计划，他服用大量的维生素 C 并采用"幽默治疗法"，有计划地看马克斯兄弟的搞笑电影，谈詹姆士·沙伯和罗伯·班奇里的喜剧作品。后来他说："我很高兴能

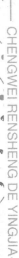

发现10分钟的开怀大笑，具有麻醉效果，因为它能给我两个小时无痛苦的睡眠。"

考辛斯深信，消极（如紧张和压迫等）会使得身体虚弱，而积极（如欢乐、爱、信仰、笑和希望）则带来相反的效果。

"没有人能对我说，克服意志消沉的能力不会在我们的体内产生有益的生化反应。"考辛斯说，"我们可以凭着信念让自己活下去。"

他第三次面临死亡的打击是在1981年，当时他心脏病发作。他知道恐慌是紧急状况时的最大杀手，因此他要自己尽力保持镇定。"你要做的第一件事就是安抚内心的激动，因此每当我心脏病发作时，我告诉自己：'考辛斯，保持现状，医院马上就到了，他们会冷静地处理这件事的。'"

"我有自信可以处理它，我知道在紧急状态下是否具有信心是生死攸关的。恐惧的代价如此之大，所以我会把自己从恐惧之中拉回来。"

"当我到达医院时，院长和心脏科医师已经在等我了，我说：'好了，诸位，放轻松点，我要你们知道，你们现在面对的是个被推进这家医院里最具痊愈力的机器。'"

考辛斯的经验让他相信，心灵比药物更有力量，他所说的事实，比健康专家所能提供的更值得注意。如果人类的心灵能制造它自己所需的药物，那么这不只是一件不该被忽视的事，而且应该被列入所有医疗方式的范畴。

令人印象最深刻的，还是考辛斯对恐惧所下的结论，也许他只想到恐惧对身体健康的影响，可是他的话却可以用来诠释生命的每一面：

"我想不出有什么会比恐惧更易阻挠人类行为，当他们惊慌恐惧时，往往只会专注那些致命的困扰，却看不出可以解决问题的转机。"

"害怕将导致某些事的发生（如理解力的停顿），你不晓得该选择什么。人的生理深受心理的影响，内心的恐惧会造成许多生理状况以证明它的存在。"

诺曼·考辛斯以乐观和信心面对恐惧，终于使自己身体内部的痊愈力完全发挥出来。循着信念的指标前进，你也能发挥不平凡的力量而成为胜利者。走没走过的路，尝试新的办事方法，可以发掘出你的潜能。忍受焦虑并且全力以赴地冒险，你将获得自己都无法预料的成就。如果你对害怕的反应就像失败者一样地逃避，那么你将必须忍受生命中另一个相关的忧郁——永远无法成功。

电影制片企业家迈克·塔得，在60多年前就说过："你若不跨出第一步，就无法踏出第二步。"

消极的态度将使你误入歧途

社会心理学一般认为：态度由认

知、情感、行为三方面要素构成，是比较持久的个人内在系统。一个人想要有成就，除了设定目标与具备能力外，更需要正确的态度。事情的结果往往跟我们热心的程度成正比。

我们的思想可以明确地表现在行动上。我们的态度都是心理的真实反应，就像镜面反射一样真实。我们的行动确实可以反映出我们的思考过程。

在一次同学会上，史华兹遇到一位10多年没见的大学同学查克。查克是非常聪明的学生，毕业时得了不少奖状。史华兹最后一次看到他时，他的目标是要在美国西部尼布拉斯加州拥有自己的事业。

史华兹问他建立起来的事业是哪一种。

"说实在的，"查克很坦白地说，"我并没有建立起属于自己的事业。5年前或即使是在1年以前，我是不会对任何人说的，可是现在我准备说出来了。"

"回想我的大学教育，我发现，我被训练成'为什么生意经会失效'的专家。我了解每一种可能的陷阱，以及小生意会失败的每一种理由——'你必须有充裕的资金'、'要确定生意是否景气'、'将提供的产品是否有很大的市场需求'、'当地的工业是否稳定'……有数不完的项目要澄清。"

"最刺伤我的，是我高中时代的几位老同学，他们看起来没什么能力，也没有进过大学，可是现在他们都非常成功地拥有自己的事业。而我呢？我只是日复一日地检查货运装船的各项手续。如果我多受一点'为什么能够成功'的训练，今天我不管在哪一行业都会发迹了。"

引导查克如何运用聪明才智的思想方式，确实比他拥有多少聪明才智重要得多。

为什么一些非常出色的人物会失败呢？曾有一位公认的天才，他有很高的抽象智力，也是优异学生社团中的一员。尽管如此，他在后来却被他周围的人认为是最不成功的人之一，他的职位很不起眼（他害怕多负责任），他无法过婚姻生活（几次婚姻都是以离婚收场），他几乎没有朋友（人们令他厌烦），他从未投资过任何一种生意（怕会血本无归）。这个聪明人用他惊人的脑力，来证明事情为何无法成功，而不是用来引导自己的心力去寻找迈向成功的各种方法。

许多人由于消极的思想牵引他的智力，使他无法施展身手而一事无成。如果他能改变心态，相信他会成就许多伟大的事业。他有成大事的头脑，却不懂得用心去思考。

积极的心态是天然的镇静剂

成功学大师拿破仑·希尔说：

"积极的心态，就是心灵的健康和营养素。拥有这样的心灵，就能吸引财富、成功和快乐；消极的心态，却

CHENGWEI RENSHENG DE YINGJIA

是心灵的疾病和垃圾。这样的心灵，不仅排斥财富、成功、快乐和健康，甚至会夺走生活中已有的一切。"

为什么积极的心态是健康与幸福的重要源泉？

你掌控着自己的心态，因而你主宰着自己的命运。影响你的心态，不是上司，不是同事，不是父母，也不是失败，而是你自己。外界事物的变化，别人的所思所行，都不是我们的责任。我们只为自己的反应负责，这就是我们的态度。你怎么想，怎么反应，全凭你自己——积极还是消极。

自己的心态决定了自己。

医学研究人员发现，人体会自行制造一种叫做脑啡（Endorphins）的天然体内镇静剂，由大脑分泌，在脑部和脊髓等特定的部位活动，能减轻痛感，过滤令人不快的刺激物，使人内心祥和安乐。

临床研究还发现，忧郁症患者都严重缺乏脑啡。这项发现为人们了解沮丧与喜乐的根源，带来了重大突破。心态积极、乐观向上的人很可能体内都充满了这种天然镇静剂。行为研究者已经发现，保持积极的心态和乐观的想法，可以刺激人体制造脑啡。

用你的头脑作为一台能起鼓舞作用的机器，把你的所有积极因素统统记录下来，这是成功者的一项诀窍。

每个人都有积极因素，如果你不再空想你所不具备的条件，而是珍视你确已具备的条件，你便会发现自己的积极因素。

请你站在一面镜子前面念出下面的内容。脸上要有富于感染力的笑容，要大声朗读给自己听。

要诚心诚意地、充满热情地说："我是个健全的人。"

相反，消极的心态和颓废的思想则耗尽了体内的脑啡，导致人心情沮丧，由于心情沮丧，脑啡的分泌量更加减少，于是消极的想法变得越来越严重，这就是"恶性循环"。你年年都在谈论和回味那些消极泄气的事情，有什么用吗？没有！所起的作用只不过是带来更多的消极因素，产生更多的泄气念头，出现更多忧心忡忡的烦恼。

积极的心态能激发脑啡，脑啡又转而激发乐观和幸福的感觉，这些感觉反过来又增强了积极的心态，这样，就形成了"良性循环"。积极的心态能激发高昂的情绪，帮助我们击败痛苦，克服抑郁、恐惧，化紧张为精力充沛，并且凝聚坚韧不拔的力量。

亚伯拉罕·林肯说过，人下决心想要愉快到什么程度，他大体上也就会愉快到什么程度。靠培育消极信念是不可能取得成功的。出现了消极因素，就要清除干净。这样，你才能着手盘算如何愉快起来，才能有时间觉得痛快。要谈论欢乐的时刻，鼓舞未来的计划，为自己以往的回忆和现在体验到的积极因素感到高兴。你能决定自己的头脑中想些什么，你能控制自己的思想，从而依那些积极鼓动的话而产生积极的行动和情绪。

热心能使事情变好一千倍

态度不同结果也不同。态度正确的推销员经常打破销售记录；学习态度端正的学生会名列前茅；正确的态度也有助于构建幸福美满的婚姻；也会使你跟别人交往时能够发挥更大的影响力，变成领导人物，进而在各方面都赢得胜利。

做事要充满热忱。你热心不热心或有没有兴趣，都会很自然地在你的行为上表现出来，没有办法隐瞒。跟别人握手时要活泼热情，紧紧地握住对方的手说："我很荣幸能认识你。"或"我很高兴再见到你。"那种畏畏缩缩的握手方式，只能使人觉得"这家伙暮气沉沉，要死不活"。想要找出以这种方式握手的成功人士，不知何年何月才找得到。

微笑时也要活泼一点，眼睛要配合你的微笑才好。没有人喜欢那种装模作样、矫揉造作的干笑，因此笑一定要发自内心。要笑得很开朗，即使你的牙齿长得并不怎么好看也没有关系。当你开怀大笑的时候，别人不会注意你的牙齿，他们只会看到你温柔热情的个性，这正是大家都乐意看到的。

当你对别人说"谢谢你"的时候，也要真心真意地说。呆板单调的

"谢谢你"，无异在说"那有什么稀奇"，那就变成虚假地应付了，这跟不说又有什么不同呢。这种语气没有任何效果。要使"谢谢你"的声音好像是"我非常感谢你"那样纯真与自然。

谈话也要生动有趣。著名的语言学权威——班得尔博士，在他的一本书《如何使你的谈吐高雅宜人》中提到："你说的'早安'是不是让人觉得很舒服？你说的'恭喜你'是不是出于诚心呢？你说'你好吗'时的语气是不是让人很高兴呢？一旦你说话时能自然而然渗入真诚的情感，就已经拥有引人注意的良好能力了。"

大家都喜欢跟随那些相信他自己话的人，亦即说话很有自信的人都很受欢迎。说话时轻松快乐地说吧，加点活力吧。不论你是对一个园艺俱乐部、一个客户还是自己的孩子说话，把你的热情溶在里面。布道大会的演讲如果能够注入热情，听众们一定永远不会忘怀。但是，同样一个布道演讲，如果没有了热情，在下一个圣日到来之前，它就会被忘得一干二净。

当你的谈话很有活力时，你自己也会变得很有活力。请你试试看，大声说："我今天很痛快！"现在是不是感觉比先前更舒服一点呢？你要时时刻刻活泼有力才好。

请你活泼起来吧，让你的言行都能表示出使别人相信"他是个很有活力的人"、"他的话一定不会错的"、"他样

第八章　达观的态度是成功的守护神

样都行，非常可靠，处处受欢迎"。

一个没有工作热心的人永远不能使别人热心，而热心工作的人很快就会有一群热心的追随者。

热心的推销员永远不愁找不到买主，热心的教师不怕学生没有兴趣学习，布道时很起劲的传教士也不会因为听众昏昏欲睡而灰心了。

热心能使事情变好一千倍。两年前有一家公司的员工，捐给红十字会的全部款项只有 94.35 美元，今年，同样的员工、同样的薪水却捐出 1 100 美元，这其间的差距真是不可同日而语。

那位募捐到 90 多美元的队长非常冷淡，他在劝募时所说的话不外是"我以为红十字会很有钱哩"、"我还没跟它直接接触联络过呢"、"它的组织很大，有钱人捐得很多，你们捐多少都无所谓"、"你们多少给我一点面子嘛"这家伙并没有做能使大家一呼百应、热烈欢迎的事。

今年的队长作风不同，他非常热心，举出许多实例证明"发生灾难时，红十字会出钱出力"，又说明红十字会需要每一个人的支持。他要求这些员工本着"人饥己饥，人溺己溺"的襟怀，想想自己的邻居突然遇到灾难时，他愿意捐出多少。他说："红十字会的贡献这么大，它的成就有目共睹！"请你注意，他没有硬性分派，所以他没有说："你们要想办法凑齐多少多少元。"他只是表示"对于红十字会的

重要性"的热心而已，因此他成功了。

请你想想你所知道的某一个正在走下坡路的俱乐部或民间团体，它确实需要热心人士大力整顿一番，才能起死回生，避免解散的命运。

所以事情的结果往往跟我们的热心程度成正比。

热心只是所谓的"这是很了不起的"那股热情和干劲而已。

随时散播好消息

我们都有在不同的场合遇到某个人说"我有一个好消息……"的经验。这时所有的人都会停下手边的工作望着他，等他说出才作罢。好消息除了引人注意以外，还可以引起别人的好感，调动大家的热心与干劲，甚至帮助消化，使你胃口大开。

因为传播坏消息的人比传播好消息的人多，所以你千万要了解这一点：散布坏消息的人永远得不到朋友的欢心，永远赚不到一毛钱，也永远一事无成。

每天回家时尽量把好消息带给家人共享，告诉他们今天所发生的好消息，尽量讨论有趣的事情，同时把不愉快的事情抛在脑后，也就是说，只能散布好消息。坏消息永远也说不完，它们只能给你的家人增添烦恼，使他们精神紧张，多一份心理负担。

你有没有注意到小孩很少抱怨天气不好？他们对于酷热或寒冷的天气

安之若素，直到那些"专门散播坏消息"的人教他们注意到这种天气为止。

请你养成习惯，无论天气好坏，你都要认为"今天天气很好"，因为抱怨只会使你更烦躁，也会破坏别人的情绪。

把好消息告诉你的同事。要多多鼓励他们，每一个场合都要夸奖他们，把公司正在进行的积极计划告诉他们。要能倾听他们的意见，同时也要提供实质的帮助。你也要在背后称赞他们的工作绩效，让他们感到很有前途，让他们知道你相信他们可以成功，对他们很有信心，并且要开导那些闷闷不乐的人。

请你定期做这个小测验，帮助你维持适当得体的态度。每次，当你离开别人时，要反问自己："他跟我说话以后，是不是感觉比以前更好？"这个自我测验很管用。当你跟员工、同事、家人、顾客，甚至陌生人谈过话以后，马上测验一下，看看这个测验有没有效。

优秀的推销员专门散布好消息，每个月都会去拜访他的顾客，并且经常把好消息带给别人。

例如："上个礼拜我碰到你的好友，他托我问候你。"、"自从上次来过你这儿以后，又发生了很多大事。上个月有35万个婴儿出生。当然啦！这表示我们大家都有更多的生意可做。"

我们总是认为银行董事长都是些冥顽不灵的冷血动物，他们是典型的"晴天借伞，雨天收伞"的那种人。不过有一个与众不同的银行董事长，他回答电话的方式别具一格："早安！这个世界很不错。我有没有机会借钱给你呢？"你可能认为这种说法没有银行家的派头。但这位银行家就是美国东南部最大的银行——南方市民银行的董事长密尔·雷尼先生。

史华兹曾拜访过的一家刷子公司的总经理，他在桌上放了一个装了相框的座右铭，来访的客人可以看到："带给我一点好消息，否则什么都别说。"史华兹看了以后恭维他："那个座右铭是鼓励别人乐观进取最好的方法。"

他微笑地说："它确实可以提醒别人向善，但从我这里看过去的更重要。"接着他把那个相框转过来，另一面的座右铭是这样写的："带给他们一点好消息，否则什么也不必说。"

散布好消息会使你热情活泼，使你觉得更好，当然也可使别人感觉更好。

好消息都会得到好结果，随时散播好消息吧。

挖掘自己的兴趣

请你做个小试验：先找出两种你没有兴趣的东西（可能是卡片、某种音乐或运动），接着问你自己："我真正了解多少？"这时你的回答几乎千篇一律地是："所知不多。"

多年来史华兹对于现代艺术一直没有好感，他认为它只是由许多乱七八糟的线条所构成的图画而已，直到接受一个内行的朋友开导以后他才恍然大悟。有了进一步的了解后，他才发现它真的那么有趣、那么吸引人。

这个练习是帮你建立"对某种事物的热心"的关键，那就是：想要对什么事热心，先要深入了解更多你目前尚不热心的事。

你可能根本不关心大黄蜂，但是如果你设法多了解它们一点，例如："它们对人类有什么益处"、"它们跟别的蜜蜂有什么关系"、"它们如何制造蜂蜜"、"它们冬天住在哪里"等，尽量了解大黄蜂的生态，你很快就会发现原来大黄蜂这么有趣。

史华兹会使用"绿屋"的例子向学员说明热心可由"深入了解"发展出来。他会问他们说："有没有人对于建造和推广绿屋有兴趣？"当他这么问时，从来没有得到过肯定答复。然后他接着说些绿屋的事："当大家的生活水准提高以后，对于生活上的奢侈品会越来越有兴趣。美国的家庭主妇一定很喜欢亲自种植果树和菊花，如果有几万个家庭负担得起私人游泳池的话，就会有几百万户人家负担得起绿屋，因为绿屋比游泳池便宜。"他同时也用数字来说明：如果每一间绿屋平均以 600 美元推销给客户，即使只有 50% 成交，也可能发展出年营业额 6 亿美元的大生意，同时也会带动供应花木和种子的年营业额达 2.5 亿美元的大企业。

这个练习最麻烦的地方是，这些学员 10 分钟前根本漠不关心，现在却非常热心，甚至不想继续讨论下一个题目了。

请你用这种"深入了解"的方法来培养对于别人的热心与关切。你只要尽量找出别人的优点（包括他所做的事情、他的家庭、他的出生背景、他的各种创意与野心），你对他的兴趣与热心，就会渐渐增加。长此以往一定可以找到某些共同的兴趣与嗜好，最后也会发现这个人的确很吸引人。

这种"深入了解"的方法也可以帮你喜欢一个新地方。史华兹曾说他有几个朋友突然想从底特律搬到佛罗里达州中部的一个小镇。他们把自己的房子卖掉，结束所有的产业，跟朋友辞行之后真的说走就走。

6 个礼拜以后他们又搬回底特律了，原因跟他们的工作无关。他们说："我们受不了小地方的单调无聊，何况我们的朋友都住在底特律，所以又搬回来啦！"

跟他们谈过几次以后，史华兹才了解他们不喜欢那个小镇的真正原因。他们住在那里时，对于当地的了解不多，关于它的历史、它的未来发展以及人口结构都只是一知半解。他们只是把自己的身体搬到佛罗里达，心却留在底特律。

史华兹曾经跟几十个主管、工程

师以及推销员，研究过他们职业上的困难——公司要他们转移工作地点，他们却不肯去。"我不想搬到芝加哥（或旧金山、亚特兰大、迈阿密）。"这种话每天都会出现好几次。

深入了解可以帮你喜欢一个新地方，尽量去了解这个新社区的点点滴滴，跟邻居多多来往。搬进去的头一天就要从当地人的观点来思考，这样很快就会喜欢那儿并热心起来了。

今天美国有几亿人在投资购买股票，还有几亿人却没有一点点兴趣。因为他们并不了解股票是什么，股票市场的操作情形如何，以及美国的经济奇迹是什么。

为了养成对于事物（无论是人、地或物）的热心，必须先深入了解。了解越多，越容易培养出兴趣。

所以下次你不得不做什么时，一定要应用这项原则，发现自己不耐烦时，也要想到这个原则。只要进一步了解事情的真相，自然会挖掘出自己的兴趣。

你孕育着伟大的奇迹

人就如同平凡的淤泥般诞生在世界上，但人们的内在却蕴藏着一朵莲花——只不过它还是一颗种子罢了。人不应该因此而否认它存在的价值，他必须去接受并且蜕变自己的存在。这个世界不应该被拒绝，因为它的内在蕴含着某些优美无比的东西。那些东西并不存在于表面，它们必须被带到表面上来。

人们习惯于把发生的大小事情都归罪于命运女神，人们因愚蠢、糊涂而办事不如意，都用命运不好的理由替自己开脱，让命运承担后果，总之，完全责怪命运女神，而从不去想自己的失误。

如何看待命运？有的人认为：命运女神像桀骜不驯的烈马，谁也驾驭不了。她高兴时会把幸福、富裕、鲜花撒向人间，震怒时却将人间一切美好的东西化为乌有。有的人诅咒命运，怨天尤人，抱怨命运女神不公，埋怨机遇不降临自己的门扉，感叹命运不断捉弄人，不幸随时会敲开每个人的大门。有的人甚至俯首帖耳地拜倒在命运女神的脚下，心甘情愿地充当她的奴隶。

其实，命运并非机遇，而是一种选择。在坎坷的人生旅途中，人们不该听凭命运的摆布，而应该靠自己的努力创造命运。不要咒骂不幸，不幸耳聋；不要埋怨命运，命运眼花。诅咒命运的人不懂得，每个人的人生之路都是由自己走的，每个人的历史之页都是由自己书写的。诅咒命运，其实就是诅咒自己。在命运女神面前，不论你是站着还是跪着，命运都不会有一丝一毫的改变，以为跪着就矮了一截，命运的风暴就会刮不到，这只能是一种天真和愚昧。

如果你不满意自己的环境，想力

求改变，首先应该改变自己。如果你是对的，你的世界也是对的；你认为你行，你就能发挥潜能，达到成功。对潜能的强烈信念是世界上最强大的力量之一！不论情况多恶劣，障碍多难克服，你的信念都会告诉你，其中必有解决之道。你的法宝就是耐心、无私或者永不懈怠的态度。

假如有人问你什么事情最可怕，我们要说，失去了对自己的信心和失去了对人类、对世间万物的爱心最可怕。

心是一切行为的主宰，这只有靠我们自己去领悟。

命运靠自己主宰，生活靠自己驾驭，事业靠自己奋斗，理想靠自己实现。命运的建筑师就是你自己！

看重自己是成功的第一步

以满意的心情对待自己是一种极好的情绪，它可以使我们生活有信心，有乐趣，有进一步提高追求层次的勇气，从而激励我们拥有更多的生活艺术。

那些不觉得自己很重要的人，都是自暴自弃的人，有一点你必须特别注意：要想成功就必须先看重自己。

一个人立身处世，时时事事都要求别人满意是不可能的。你即使做的是一件于人们极为有利的事情，由于人们受益程度的不同，或者是从不同的角度观察其效果，也会招来种种不够满意的评价，甚至提出种种莫须有的批评或责难。如果你做这件事时，确乎没有掺杂某种不够妥当或不够高尚的意图，而且的确取得了大多数人（有时，不为人所理解也无妨）评价不错的正向结果，那么，你就不必太多地关注这些反向的看法和意见。这时，你就不妨对自己表示满意，以便信心十足地继续做你应该做的事情。如果一个人过多地被少数人的偏见左右，以致对自己失去时常满意的心情，久而久之就会使你销蚀奋进的意志和服务于人群的信念，从而大大降低自己的人生价值。

以满意的心情对待自己，亦是表明善于对自身做出实事求是的评价。好高骛远者对自己难有满意的心情，因为他们总是习惯于过高地估价自身的能力和无根据地、超前地估价事物发展的进程。以满意的心情对待自己，也就是以满意的心情对待自身智能的循序渐进，以满意的心情注视事物发展的规律。

以满意的心情对待自己的人，每天都可以生活得畅快。他们永远不会自我坠落于盲目的悲哀之中。这一天，有向某项事业成功接近的成果，他们满意；这一天，由于某种原因，查明了某项工作进程可能失败的征兆，他们也满意。因为他们喜欢明晰地认识自己所面临的任务，只要达到了这个目的，他们就满意，而且，相信由此可以引出使人们更为满意的结果。不过，这种满意不等同于欢愉，欢愉是生活中某种成功的报偿；而满意，则是对人生历程必然规律的一种清醒的认识。

这不是说明，无须寻求差距，但是，有差距，并不影响对自身的满意心情，因为满意不是横向比较的产物。如果以横向比较来寻求对自身的满意，那么由于山外有山，天外有天，是永远也不会达到满意的，只能落得自卑孤鸣而已！满意，来自于对自身生命历程的纵向比较，不管表现的形式多么曲折——是成功还是失败，是收获还是损失，只要每天你的生存智慧有所长进，对成功的前景有所领悟，那就足以形成使你满意的根据。如果在此基础上，你又能不时表现出某些高人一招的生存智慧，奉献出具有独特风格的智慧成果（这成果也不论大小、多少），那么，你以满意的心情对待自己的心理倾向就会趋于稳定，这对于提高人生的欢乐情调是大有裨益的。

你可以激励别人

大多数人把思想从学理研究转到实际生活时，往往会很不幸地忘记他们的基本观念，忘记"个人的重要性"。明天就请你多加注意大多数人的态度有多恶劣，这种态度仿佛在说："你是个没用的人，你是个无名小卒，你算老几？你的话一毛不值，对我没有任何作用。"

有一个理由可以说明"你不重要"的态度为什么这么严重。因为大部分的人在看到另一个人时往往这么想："他不能替我做什么，因此很不重要。"

大家都在这里犯了一个大错。

事实上，那个人，不管他的身份、地位或薪水如何，对你都很重要，关于这一点有两个理由。

第一，当你看重别人时，他们会更卖力。

史华兹说当他住在底特律时，每天早上都要搭乘公共汽车上班。有个司机是脾气暴躁的大老粗，史华兹看过几十次，甚至几百次，这位司机老爷猛加油门，扬长而去，不理会有人正招手，一面叫喊一面跑，只差两秒钟就可以赶上的尴尬场面。但是，连着几个月史华兹都看到他对一个乘客特别客气，这位乘客对他也特别殷勤。这位司机一定要等他坐上车，对别的乘客就无所谓了。

为什么呢？因为这位乘客想办法使司机觉得自己很重要。他每天早上都会跟司机打声招呼，他常说："早安，先生。"有时会坐在司机旁边，说些无关痛痒却很中听的话，例如："你开车的责任很重呢"、"每天都在拥挤的马路上开车，真有耐心，我好佩服你"、"你的技术真好"等，把司机捧得飘飘欲仙，仿佛"正在驾驶一架巨型豪华喷射客机"，司机当然会对他另眼相看。

使"小"人物觉得像"大"人物一样伟大，这种做法很划算。

美国目前有几千个秘书小姐正在促成或打消一项大生意，这要以推销员平时如何对待她们而定。

使别人感到很重要，他当然会特别照顾你了，只有如此，他才愿意为你出力。

如果你能使别人都认为自己"很重要"，并且长期继续下去的话，顾客向你买的东西会更多，员工也会更努力，同事也会更合作，当然老板也会更照顾你。

使大人物感到自己更伟大也很值得。

伟大的思想家都会善待跟他有关的人，从而大大增加周围的人对他的贡献。因为他把那些人看得很高，所以才能从他们那里获得最大的工作绩效。

第二，当你使别人感到"自己很重要"时，也会使你觉得自己很重要。对此，史华兹深有感触。

有一个工作了几个月的电梯管理员，长相很平凡，大约50多岁，工作表现也很普通。她希望受人重视的心愿一直没有实现。她是几百万个好几个月都没有人关心一下的人中的一个。

在我成为她的固定乘客不久的一个早上，发现她的头发刚刚做过，这没有什么稀奇，只是一种普通发型而已，但修剪后确实比较好看。

我说："S小姐（注意：我已经请教过她的芳名了），我很欣赏你的新发型，真的很好看。"她立刻脸红起来说："谢谢你，先生。"她这一高兴，差点忘了在下一层楼停下来。她对于我的赞美真是乐不可支。

第二天早上，我一跨进电梯就听到"早安，史华兹博士"的亲切招呼，我还没有听过这位电梯管理员对乘客这样亲切地打过招呼，那段时间除了我以外，也没听到她跟任何人打过招呼。

你可以使他人感到自己重要，他也会用"使我感到自己很重要"来回报你。

成功的希望在于坚忍

大文豪巴尔扎克曾说过："忍耐，是支持工作的资本之一。"

在他成为举世闻名的小说家之前，曾遍尝人间的辛酸。他生为高级官员家庭中的长男，本奉父命立志当司法官，在巴黎的神学院学习法律，20岁快要毕业时，却不顾双亲的反对而休学，决心忠于自己的兴趣，当一位作家。

他开始写作时非常不顺利，而光靠写作，要想经济独立是相当困难的。于是他一面经营出版社，一面写作，但挫折仍旧接踵而来。

他又陆续换了排版、印刷等工作，但依然没有解决经济上的困难。到了29岁时，他已经负了10万法郎的债务，当时的 10 万法郎已经是足以陷人于绝望之中的庞大数目，但巴尔扎克却不屈服。

他再度下定决心，打算靠一支笔来解决如山一般高的债务，而且也就在这时展现出行云流水般的文笔，写就了《人间喜剧》等巨著，成为举世闻名的作家。

他所谓的忍耐力，当然是指作家创作过程的艰辛，但是在平时的生活中，需要靠坚强的耐力来克服的困难也很多。

一般人总误会"天才"这个名词，而主观地断言，任何事情对天才而言都是轻而易举的，却忽略别人背后隐藏的艰辛；或者自恃天赋颇高，已不需再做任何努力，徒然期待成功像奇迹般地来到面前。

对一个赤手空拳，凭着一股坚定的信念而还清债务的作家来说，耐力确实是他生命中最有价值的资本。

当"智慧"隐遁无踪、"天才"无能为力、"机智"与"手腕"失去作用时，其他各种能力都束手无策、宣告绝望的时候，走来了一个"忍耐"，由于坚持，得到了成功，不可能成为可能。

在别人都已停止前进时，你仍然坚持；在别人都已失望放弃时，你仍不停止，这是需要相当大的勇气的。使你得到比别人更大成功的，正是这种坚持、忍耐的能力，不以喜怒好恶改变行动的能力。

忍耐的精神与态度，是许多人获得成功的关键。

坚忍，是一种心境，亦是一种稳定的心态。它是自信心的近邻。一个人，如果能有效地培植自身具有坚忍的品格，就会窥见成功的一线曙光。

坚忍，有赖于意志力的支撑。两者的合作，可以使"智慧能"聚焦于需要攻克的难点上，韧性钻进，直到情理透彻、豁然开朗。

坚忍，有赖于热忱的扶持。一个对事业没有热情的人，既缺乏恒久的动力，自然也难以谈到坚忍。

坚忍，有赖于可信目标的鼓舞。既定的短期目标与长期目标，是行动的向导、成功的投影，它可以潜在地激发坚忍的精神。而目标实现的可信性至关重要，大而失当的目标或计划，反而会削弱坚忍的持续力。

坚忍，有赖于智慧的基石。富于创造性智慧的人，往往也勇于开拓，胆识过人，他们常常敢于坚持做他人望而生畏的事情，使坚忍的心态获得强力的精神鼓舞。

坚忍，有赖于合作意识的强化。未来的世界，不是孤家寡人的世界。坚忍，不属于脱离人群的"自我完善者"。坚忍的稳定心态，在合作意识的强化下，可以形成特别执著的"攻击性力量"，有助于突破种种难以逾越的心理障碍或生活难关。

坚忍，还特别喜欢同希望并行。绝望的人固然谈不上坚忍，即使希望

CHENGWEI RENSHENG DE YINGJIA

甚微的人，也难以拥有足以协助成功进取的心理能量，自然也就谈不上什么坚忍的培植了。

在商业界，能做成最多的生意，获得最多的主顾，销售最多商品的，往往是那种不灰心、能忍耐的人。忍耐的精神、谦和的礼貌，足以使别人感动而成全他。

受到刺激就不能忍耐的人，不会有很大的成就。

定下一个目标，然后集中全部的精力去实现它。这种能力，会获得他人的钦佩与尊敬。

你一旦树立了有毅力、有决心、能忍耐的名誉，就不用怕世界上没有你的地位。但是假使你表现出一些意志不坚定与不能忍耐的态度，人们会明白，你是白铁，不是纯钢。他们会瞧不起你，不信任你。而没有人们的信任，取得事业的成功是很难的。

成功的过程通常是这样的：以卓越的耐力克服困难，突破逆境，进而提升自我。

第九章　目标引领成功

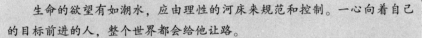

> 生命的欲望有如潮水，应由理性的河床来规范和控制。一心向着自己的目标前进的人，整个世界都会给他让路。
>
> ——爱默生

当你遵循你心中的梦想时，你会充满力量，时刻受到启发和刺激。当你集中精力于你生命中的目标时，就将轻松越过任何障碍。

曾经有这样一则小笑话：说有一个人在养羊，有人就问他："你为什么要养羊呢？"他说："养羊为了挣钱啊！"这个人又问："你为什么要挣钱呢？"他说："挣钱是为了娶媳妇啊！"于是这个人又问他说："你为什么要娶媳妇啊？"他说："为了生儿子啊？"别人问他："你为什么要生儿子呢？"他回答："为了帮我养羊啊。"

很多人的生命就像一艘船在水上漫无目的地漂流，即使这样漂了10年，仍然不知道该去向何方。直到有一天当他们突然遇到一个瀑布，被急流冲下的时候，他们才惊觉自己失去了方向，才开始拼命地划，希望能够挽回，但为时已晚，这样的人生是相当可悲的。

但是，只要你知道自己要的是什么？你的人生目标是什么？你10年的核心目标是什么？5年的核心目标是什么？并且给每一个目标加一个期限，再将它写下来，这就好像你在大海中握有航行图一样，它将引导你的人生走到你要去的地方。

很幸运的是，这个航行图不用别人来设计，你自己就可以去你要去的任何地方。你一定不愿意像上面那则笑话中的人一样浑浑噩噩地度过一生。你到底是要掌握你自己的命运，还是要随波逐流呢？假如你真的要掌握自己的命运的话，那么请你现在就开始去画你人生的航海图吧！

目标是行动的导向

你过去或现在的情况并不重要，

你希望将来有什么成就才最重要。除非你对未来有理想，否则做不出什么大事来。

西谚有云：只有知道明天干什么，今天活着才有意义。有了目标，生活才处于追索的状态，才会感到充实，感到快乐。

没有目标，我们的热忱便无的放矢，无处依附。有目标，才有斗志，才能开发我们的潜能。

在我们知道自己是谁，我们想要什么，以及如何达到这个目标之后，下一步就是弄清楚，我们所要的究竟是什么。人们在描述他们的梦想时，通常会这样说："我希望赚很多钱"或"我想找一个更好的工作"或"我想拥有属于自己的事业，自己当老板"。这些问题的毛病在于它们太普遍了。"很多钱"究竟是多少？"更好的工作"究竟是什么？你希望开创"属于自己的事业"，究竟是哪一种事业呢？

明确定出梦想范围的人，要比那些对自己的梦想只有模糊概念的人，拥有更多实现的机会。如果你希望多赚一点钱，要明确说出你计划在什么日期之前赚到多少钱。如果你的目标是获得更好的工作，那么请你详细描述一下你所希望的工作性质。如果你梦想开创属于自己的事业，请描述是哪一种事业，以及你希望在什么时候开展这项事业。

人生的目标，不仅是理想，同时也是约束。有约束，才有超越，才有发展，才有自由。

这是一则真人真事，主人公是一个成长在旧金山贫民窟的小男孩，小时候因为营养不良而患上了软骨病，6岁时，双腿因病变成了弓字形，小腿严重萎缩。

但是他从小心中就有一个天方夜谭式的梦想，就是将来要成为美式橄榄球的全能球员。他是传奇人物吉姆·布朗的球迷，每逢吉姆所属的客利福布朗七队和旧金山四九人队在旧金山举行比赛时，小男孩都不顾双腿的不便，一拐一拐地走到球场去为吉姆加油。他太穷了，根本买不起门票，只好等到比赛快要结束时，乘工作人员推开大门之际混进去，观赏最后几分钟。

在他13岁时，他在布朗七队与四九人队比赛之后，终于在一家冰淇淋店与心中偶像碰面，这是他多年的愿望。他勇敢地走到布朗面前，大声说："布朗先生，我是你忠实的球迷！"吉姆·布朗说："谢谢你！"小男孩又说："布朗先生，你想知道一件事吗？"布朗转身问："小朋友，请问何事？"

小男孩骄傲地说："我记下了你的每一项纪录，每一次对阵。"吉姆·布朗快乐地微笑着说："真不错。"小男孩挺直胸膛，双眼放光，自信地说："布朗先生，终有一天我会打破你的每一项纪录的。"

听完此话，吉姆·布朗微笑地对他说："孩子，你叫什么名字，真的好大的口气！"小男孩十分得意地笑着说："先生，我叫澳仑索！澳仑索·辛甫生。"

澳仑索·辛甫生在以后正如他少年时所发的誓，打破了吉姆·布朗一切的纪录，同时又创下一些新的纪录。

为什么目标能够激励一个患病的人去成为"风云人物"？它激发何种巨大的能力，使一个人的命运得以改变？

想要把模糊的梦想转化为成功的事实，前提是制定目标，这是整个人生的奠基。目标会指导你的设想，而坚定的信念更会决定你的人生。

人类进步的每一个成果，例如，各种发明、医学的重大发现、工程的突破性进展以及经济的繁荣等，都是在变成事实以前就有一个具体的理想。人造卫星能够环绕地球飞行，并不是偶然的发现，而是科学家在发射以前，就已经有了征服太空的理想。

目标是对于所欲成就事业的真正的决心。目标比幻想好得多，因为它可以实现。一旦我们拥有了这动人的目标，再增加一定能成功的信心，也就是已经成功了一半。正如空气对于生命一样，目标对成功有绝对的必要。如果没有空气，没有人能够生存；如果没有目标，没有任何人能够成功。没有目标，不可能发生任何事情，也不可能采取任何步骤。如果一个人没有目标，就只能在人生的旅途上徘徊，永远到不了任何地方。

知道你到底要什么

从广义上讲，目标就是事物在时空中的某种方向性或趋势性。

从狭义上讲，目标就是你欲望的具体化，即你的欲求。

说穿了，目标就是你到底想要什么。

你希望自己变成怎样的一个人，大富翁？艺术家？企业家？演说家？每个人对成功的看法都不一样，每一个人都是独一无二的，有着不同的需要、希望和价值观。如果我们违背自己的本质，不尊重自己的独特性，那么不论怎样努力，我们永远和成功无缘。

你的本质和你的成功是分不开的，许多人牺牲了自己的本质，去选择那些自己不愿做的事情，这就是他们不能成功的原因。

史华兹举了下面几个例子。

几年以前，我的儿子坚持我们两人合作，替一只小狗"花生"盖一间狗屋，这只小狗是一只活泼聪明的混血小狗，又是我儿子的开心果。我答应了，于是立刻动手。由于我们的手艺太差，成绩很糟糕。

狗屋盖好不久，有一个朋友来访，忍不住问我们："树丛里那个怪物是什么啊？不是狗屋吧？"我说："正是一

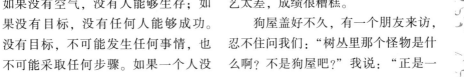

间狗屋。"他指出我们的毛病,又说:"你为什么不事先计划一下呢?现在盖狗屋也都要照着图纸来做的。"

在你计划你的未来时,不要害怕绘制蓝图。现代人往往用理想的大小来衡量一个人。一个人的成就多少比他原先的理想要小一点,所以计划你的未来时,眼光要远大。

下面是我教过的一个学员的部分计划,请你注意他如何计划他的住宅。

"我希望有一栋乡下别墅,房屋是白色圆柱所构成的两层楼建筑。四周的土地用篱笆围起来,说不定还有一两个鱼池,因为我们夫妇俩都喜欢钓鱼。房子后面还要盖个都贝尔曼式的狗屋。我还要有一条又长又弯,而且两边树木林立的车道。"

"但是一间房屋不见得是一个可爱的家。为了使我们的房子不仅是个可以吃住的地方,我还要尽量做些值得去做的事。当然绝对不会背弃我们的信仰,要一开始就尽量参加教会活动。"

"10年以后,我会有足够的金钱与能力供全家坐船环游世界。在孩子结婚独立以前,一定要早日实现。如果没有时间的话,就分成四五次做短期旅行,每年到不同的地区游览。当然,这要看我的工作是不是很成功才能决定,所以要实现这计划的话,必须加倍努力才行。"

这个计划是5年以前写的。这位学员当时就有了两家小型的"一角专卖店",现在他已经有了5家,而且已经买下70亩的土地准备盖别墅。他的确是在逐步实施计划,来达到他的目标。

你的工作、家庭与社交三方面是紧密相连的,每一方面都不是孤立的,但是影响最大的是你的工作。我们家庭的生活水准、我们在社交中的名望,大部分是以我们的工作表现而定。

麦金塞管理研究基金会曾经做了一次大规模的研究,希望找出杰出主管需要的条件。他们对工商业、政府机关、科学工程以及宗教艺术的领导人物进行问卷调查。经过印证以后,终于了解了主管最重要的条件就是"渴望进步的需求"。

瓦那梅克先生曾忠告我们,一个人除非对他的工作怀有迫切的动机,乐意去做,否则做不出什么大事。

妥善运用你的需求时,往往会产生惊人的力量,如果不好好掌握,就会使人平庸一辈子。

我回想起跟一个经常有作品在大学报纸上发表的作家的谈话。他的天赋很高,很有从事新闻事业的潜力。在他快要毕业前我问他:"丹先生,毕业以后打算做什么?准备投入新闻事业吗?"丹先生抬头看我一眼说:"才怪!我非常喜欢写作和报导新闻,而且也发表过许多作品,可是新闻事业总是报导些零零碎碎的消息而已,我才懒得去做。"我大约有5年没听到他的消息,有一天晚上忽然在新奥尔良遇到他,当时他是一家电子公司的助理人事主任，他向我表示了对于这个工作的不满。"喔！老实说我的待遇很高，公司有前途，工作又有保障。但是我根本心不在焉，我很后悔没有一毕业就参加新闻工作。"

丹先生的态度反映出他对工作的厌烦，他对许多事情都看不顺眼，他将来根本没有什么前途，除非他立刻辞职，并从事新闻工作。成功是需要完全投入的，只有完全投入你真正喜欢的行业，才有成功的一天。如果丹先生依照他的需求去做的话，他早就在新闻传播事业上小有成就了，而从长远看，他的待遇将比目前多得多，又能获得更大的成就感。

从不喜欢的工作转换到喜欢的工作实在很困难，犹如将一个 500 马力的马达装进一部用了 10 年的老爷车一样难。

要想品尝成功的滋味，你不但要清楚自己的需要，还要相信你绝对有权利满足自己的需要，你必须做对自己真正有意义的事，否则，你只有变成欲望的奴隶。

注重前方的目标

肯定使你与将要开创的事业处于同一阵线。

稳定、平衡、沉着和内在平静是你正在进步的征兆。

在你踏出下一步前永远不要向下看，唯有紧紧盯住远方地平线的人才

能发现正确的道路。

哈特瑞尔是一位水平很高的演说家，当他还是得克萨斯州东部的一个小孩时，有一次跟两个朋友在一段废弃的铁轨上走，其中一位朋友身材普通，另一位朋友是个胖子。孩子们互相竞赛，看谁在铁轨上走得最远。哈特瑞尔跟较瘦的朋友只走了几十米就跌了下来，胖男孩却走得很远。他就问胖男孩是如何做到的，胖男孩说，哈特瑞尔和较瘦的朋友走铁轨时只看着自己的脚，所以跌了下来。而他因为太胖看不到自己的脚，只能选择铁轨上远处的一个目标（一个长期的目标），并朝着目标走。接近目标时，他又选定了另一个目标（你要尽量走到你能看见的地方，当你到达那里，你就会看得更远），然后走向新目标。

注意你前方的目标，而不是只看眼前的路。

你专注于生命中的目的或最初的目标，在你的旅程中就会吸引越来越多能帮助你的人、环境和资源。事实上，将精力集中于你前方的目标或最终的目标，是达成目标最有效的方法。你知道你正往哪里去，并遵循你内心和灵魂的指引时，你将拥有一次更充实的旅程。当你没有集中精力于你的最初目标时，变化和犹疑会像狂风一样侵袭你，使你如一叶飘荡的扁舟。当你遵循你心中的梦想时，你会充满力量，时刻受到启发和刺激。当你集中精力于你生命中最初的目标时，就

将轻松越过障碍。

将来的成就最重要

你过去或现在的情况并不重要，将来想要达到什么成就才最重要。

进步的企业组织都有 10 年至 15 年的长期目标。经理人员都会时常反问自己："我希望公司在 10 年后究竟怎样呢？"然后根据这个来规划应有的各项举措。新的工厂并不仅仅是为了适合今天的需求，而是为了满足 5 年、10 年以后的需求。各个研究部门也是针对 10 年或更久以后的产品进行研究。

近代的公司组织不能让它的未来被机会或运气操纵。难道你愿意把你宝贵的未来交给机会吗？

人人都可以从很有前途的生意中学到一课：我们也应该计划 10 年以后的事。如果你希望 10 年以后变成怎样，现在就必须朝那个方向努力，这是一种很严肃的想法。就像没有计划的生意将会变质（如果还能存在的话），没有生活目标的人也会变成另一个人。因为没有了目标，我们根本无法成长。

人生噩梦的开始，都是因为不知道自己到底要什么。极少人不知道他出一趟门的目的地；极少人知道他活在这世间的目的。

美国的伟人——亚伯拉罕·林肯 9 岁丧母，从小他就必须帮助父亲开垦荒地，小时候接受了不到半年的非正规教育，但是他却很清楚地知道自己需要知识，只要逮到机会，就不停地问、不断地想、仔细地听。林肯不能上学，就自己用炭条在木板上学写字，木板用久了脏了，林肯就把木板刨干净再次使用。他疯狂地追求知识并曾以出卖劳力的方式向邻居借书来看。有一次，不慎将邻居的书弄脏，邻居生气了，不愿接受他的还书，小林肯就出卖 3 天的劳力，为邻居除草以补偿损失。他认为自己从书里获得的知识远比体力劳动更有价值。

在一天的生活里，一个人总是确知自己要去哪里，自知有这个意愿及条件之后，他才开门走出去。（即使心情烦闷，漫无目的地出门闲逛，也是因为原先就准备好了要漫无目的）但是在生命的旅途中，大多数人却不知道自己要去哪里，也不自知自己的条件，而是浑浑噩噩地跟随着众人，盲目地浮沉于人生之海。

史华兹介绍了他的一次经历。

有一个年轻人（我暂且称他 F 先生），由于职业发生问题跑来找我。这位 F 先生举止大方、聪明，未婚，大学毕业已经 4 年。

我们先谈他目前的工作、受过的教育、家庭背景和对事情的态度，然后我对他说："你找我帮你换工作，你喜欢哪一种工作呢？"

"喔！"他说，"那就是我找你的目的，我真的不知道想要做什么？"

这个问题很普遍。替他接洽几个老板面谈，对他没有什么帮助，因为误找误撞的求职法很不明智。由于他至少有几十种职业可选择，选出合适职业的机会并不大。我希望他明白，找职业以前，一定要先深入了解那一行才行。

所以我说："让我们从这个角度来看看你的计划。10 年以后你希望怎样？"

他沉思了一下，最后说："好！我希望我的工作像别人一样，待遇很优厚，并且买一栋好房子。当然，我还没深入考虑过这个问题呢！"

我对他说这是自然现象。我继续解释，他现在的情形仿佛跑到航空公司里说"给我一张机票"一样。除非你说出你的目的地，否则人家无法卖给你。所以，我又对他说："除非我知道你的目标，否则无法帮你找工作，只有你自己才知道你的目的地。"

这使他不得不仔细考虑。接着我们讨论各种职业的目标，谈了两小时。我相信他已经学到最重要的一课：出发以前，要有目标。

像那些进步的公司一样，自己要有计划。从某种角度看来，人也是一种商业单位。你的才干就是你的"产品"，你必须发展自己的特殊产品，以便值得最高的价钱。这种计划可以帮你做到这一点。

下面是两种很有效的步骤：

第一，把你的将来分成工作、家庭与社交三种理想，这样可以避免冲突，帮你正视未来的全貌。

第二，针对下面的问题自己想出答案：我想完成哪些事？想要成为怎样的人？哪些东西才能使我满足？

目标会推动你前行

你完全可以掌握你的价值观和对待人生的态度。你可以选择快乐，也可以选择悲伤；可以乐观向上，也可以悲观消极；可以积极开朗，也可以安静内向；可以诚实正直，也可以狡猾奸诈。唯一能够掌握这一切的只有你自己，你可以设定你自己的人生目标，然后通过不断的努力，无所畏惧地前行。

美国职业棒球大联盟有一位非常特别的人物，他叫亚伯特·吉姆，他之所以特别是因为他是一位独臂选手，而且是一位独臂投手。

人们常常在电视转播中看到他每投出一球后，熟练地将原先夹在独臂腋下的手套快速地转套到完好的手上，做好准备动作。而每当球传进他的手套时，他依旧能熟练地将手套内的球取出，精确地传出去，或做出更好的投球准备。

更令人惊讶的是，亚伯特还在大联盟的投手生涯中创下安打完封的"安全比赛"，这是连一般拥有完整双臂的投手都很难达成的目标，更何况是在全世界水准最高的美国职业联赛上，他简直是百里挑一的选手。

事实上，亚伯特并非是联盟史上第一位独臂选手，但却是不折不扣的第一位独臂投手，投手在比赛中扮演着最重要的角色，常常主宰着球队的胜败。亚伯特之所以拥有自己独特的天空，用他的话来说就是心底的无限自信与对棒球的一种执著的热爱和坚定的目标——成为一流的投手，这给予了他坚强的信心。

由于身体的残障，亚伯特经历了多次的身体失衡而摔得鼻青脸肿，他比别人付出了百倍的辛苦和汗水，但他始终没有放弃目标，并最终实现了目标，成为世界一流的投手。

成功者和失败者之间最大的区别就在于是否拥有目标和梦想。它们直接决定着你成功与否，并为你的人生赋予了许多重大的意义。须知，需要拥有顽强的意志力才能达成目标。

在起点和终点之间有一条路，这条通往终点的道路往往隐藏在荆棘丛中，你只有在经历无数次痛苦之后，才能找到令你实现梦想的成功之路。这意味着沿途中你会一次次地跌倒，但在每一次失败中你都会学到宝贵的经验，而最终你一定会梦想成真。

想一想你的人生，在你的一生中，你也许有过许多的梦想。

你曾想"有朝一日"要做到许多事情，先为自己设定一些清晰实际的目标，然后你要采取行动，脚踏实地向着这些目标努力，"好的开始是成功的一半"。有些事情当你开始去做时，就已经能够预见其必然会出现的结果。行动起来，为梦想奋力拼搏时，这些梦想便已不再是梦想，而注定要成为现实。

宏伟的目标会带出雄心

几十年来，史华兹不断深入观察几千名生活背景不同的人。有的受过高等教育，有的几乎未受过任何形式的教育；有的出身于富裕家庭，有的来自贫苦家庭。这些人代表各行各业、各种国籍，有各种不同的生活哲学。这些人中，只有少数人在生财方面获得成就，家庭也很美满，受人尊敬。大部分人则不然。

为什么？经过充分研究之后，史华兹获得以下结论：少数的成功人士是实行家、胜利者，他们替自己培养出伟大的梦想，并找出能够鼓励他们追求目标的人。同时那些未能获得成就的大多数人，如果不是未拥有有意义的梦想，就是让自己的四周充满了想像的破坏者，这些人嘲笑他们胡思乱想，不断"证明"他们的梦想是无法实现的。

常常有人说："我的麻烦在于没有目标。"他的话表明了他不明白目标的含义。实际上，逃避痛苦走向快乐就是我们人生的目标，因此，我们是有目标的人，问题是目标是否让我们付诸行动，去探索更优质的人生。

我们需牢记，有何种目标就有何种人生，目标对于我们的人生就似播下的种子，一旦我们不小心，就将导致某一天野草蔓延。

有人问康拉德·希尔顿何时得知自己将会成功，他说当他潦倒困顿到必须睡在公园的长板凳上时，他已经知道自己日后将会成功，因为他知道一旦他下定决心要功成名就时，就表示他已经向成功之路迈出第一步。所谓成功的第一步，就是当下认定自己必定会成功。

目标是你努力的依据，也是对你的鞭策。目标给你一个看得见的彼岸。实现目标，你就会有成就感，你的心态就会向着积极主动的方向转变。一个好的目标可以全然改变你的生活。它可以带领你朝着全新的方向走去，透过新的经历，体会到自己要成为更棒的一个人、可以更好地有所作为或更能珍惜自己拥有的事物。好的目标也会让你展开新视野，产生新的期待。好的目标更会让你重新审视以往对成功和自我成就的定义。好的目标将会成为你人生积极改变的开始。

当你必须超越现在的想法、梦想和眼界去期待更宽广的未来时，需要做新决定的那一天终会到来。

目标的实现需要全力以赴

全心全意计划你的需求，永远不会太迟。

绝大多数的成功人士每周的工作时间超过40小时，他们永远不会抱怨工作太多。因为他们永远向着特定的目标前进，所以增加了许多活力。

当你追求自己的需要时，很容易就可以收到"达成目标"所需的能力与热忱，另外还会收到一些价值相同的事物——自动调整的能力。

固定的目标最令人惊讶的作用，就是维持正确的方向，不会走入岔路。它的实际过程是这样的：当你追求目标时，目标就会不知不觉进入你的潜意识。潜意识经常自动保持平衡，意识却做不到，除非它能配合潜意识。一个人如果缺乏潜意识的指挥，很容易犹疑不定、见异思迁。现在，既然你的目标已经进入你的潜意识，你就会自动往正确的方向前进，让意识做清楚的思考了。

我们用两个假想的人来说明这一点，这种人在现实生活中也很常见。这两人姑且叫做汤姆与杰克，他们的能力不相上下，只有一点不同——汤姆的目标很坚定，杰克则不然。

汤姆希望"10年后要当一家公司的副董事长"。由于汤姆有坚定的目标，他的目标会经由潜意识命令他："做这事"或"不要做那件事，它无法帮你达到目标"。还会对他说："我正是你想要实现的那种形象，因此你必须做到这些事。"汤姆的目标会指示他明确的方向。当他买衣服时，目标会告诉他如何选择。目标也会告诉他"换工作时应该怎么做才好"、"应在开会时说些什么才得体"、"发生冲突时应该如何解决"、"应该阅读哪些书报杂志"、"对某一件事情应该采取什么立场"。万一偏离了正道，潜意识的"自动调整能力"也会告诉他"如何回到正路"。汤姆的目标对于外界"可能影响他"的反应非常敏锐。

相反，由于杰克缺乏明确的目标，所以没有那种"自动调整能力"，他很容易陷于迷惑，每一种行动都漫无头绪，只好自己猜测"应该做什么"，因此过得很辛苦。

尽力实现你的目标吧。要完全投入，并且让目标为你带来实现目标所需的那种"自动调整能力"。

我们常常会在假日早上醒来时觉得今天没有什么重要的事情急着做，于是东摸摸、西摸摸，就这样糊里糊涂地过了一天，什么事情也没做成。但是当我们有了一个非做不可的计划时，不管怎样，多少都会有点成绩。

这个很普通的经验会引出一个很重要的教训：想要完成某件事，就必须先有计划。

第二次世界大战之前，科学家就已经看出原子内部的能量，但是当时对于"如何分裂"以及"如何应用"所知不多。美国一参战，科学家就推出一个计划，准备尽快发明原子弹。经过无数次的改良与研究，终于有了结果，美国在日本的长崎和广岛分别投下一颗原子弹，使日本无条件投降，结束这次大战。如果没有那个计划来推动的话，原子分裂技术可能延后10年或更久才办得到。所以说目标会使事情早日完成。

如果工厂的主管没有一个固定的工作进度，那么他的生产系统就会陷入困境；如果销售员有一个预定的销售配额，卖出的商品会更多；考试时如先确定该次考试的截止期限，学生都会准时交卷。

当你追求成功时，先设定你的目标，例如，截止期限、完成日期，以及强制配额等。

目标靠一点一滴的努力达成

决心获得成功的人都知道，进步是一点一滴不断地努力得来的，就像"罗马不是一天造成的"一样。例如，房屋是由一砖一瓦堆砌成的；足球比赛最后的胜利是由一次一次的得分累积而成的；商店的繁荣也是靠着一个一个的顾客逐渐壮大的。所以每一个重大的成就都是一系列的小成就累积而成的。

全世界找到最大的一颗钻石的人，他的名字叫索拉诺。很多人都知道索拉诺，他找到了一颗名为"Librator（自由者）"的全世界最大的钻石。可是没有人知道索拉诺在找到这一颗钻石以前，他已经找到过100万颗以上的小鹅卵石，最后才找到这一颗全世界最大的钻石。

西华·莱德先生是个著名的作家兼战地记者，他曾在 1957 年 4 月的《读者文摘》上撰文表示，他所收到的最好的忠告是"继续走完下一公里路"，下面是其中的几段：

"在第二次世界大战期间，我跟几个人不得不从一架破损的运输机上跳伞逃生，结果迫降到缅印交界处的树林里。如果要等救援队前来援救，至少要好几个礼拜，那时可能就来不及了，只好自己设法逃生。我们唯一能做的就是拖着沉重的步伐往印度走，全程长达 140 公里，必须在 8 月的酷热和季风所带来的暴雨的双重侵袭下，翻山越岭长途跋涉。"

"才走了一个小时，我的一只长筒靴的鞋钉刺到另一只脚上，傍晚时双脚都起泡出血，范围像硬币那般大小。我能一瘸一拐地走完 140 公里吗？别人的情况也差不多，甚至更糟糕。他们能不能走呢？我们以为完蛋了，但是又不能不走，好在晚上找个地方休息。我们别无选择，只好硬着头皮走下一里公路……"

"当我推掉原有工作，开始专心写一本 15 万字的大书时，一直定不下心来写作，差点放弃我一直引以为荣的教授尊严，也就是说几乎不想干了。最后不得不记着只去想下一个段落怎么写，而非下一页，当然更不是下一章了。整整 6 个月的时间，除了一段一段不停地写以外，什么事情都没做，

结果居然写成了。"

"几年以前，我接了一件每天写一则广播剧本的差事，到目前为止一共写了 2 000 个。如果当时就签一张'写作 2 000 个剧本'的合同，一定会被这个庞大的数目吓倒，甚至把它推辞掉。好在只是写一个剧本，接着又写一个，就这样日积月累真的写出这么多了。"

"继续走完下一里路"的原则不仅对西华·莱德很有用，当然对你也很有用。按部就班做下去是达成任何目标唯一的聪明做法。最好的戒烟方法就是"一小时又一小时"坚持下去，有许多人用这种方法戒烟，成功的比率比别的方法要高。这个方法并不是要求他们下决心永远不抽，只是要他们决心不在下一个小时内抽烟而已。当这个小时结束时，只需把他的决心改在另外一小时内就行了。当抽烟的欲望渐渐减轻时，时间就延长到两小时，又延长到一天，最后终于完全戒除。那些一下子就想戒除的人一定会失败，因为心理上的感觉受不了。一小时的忍耐很容易，可是永远不抽那就难了。

想要达成任何目标都必须按部就班做下去才行。对于那些初级经理人员来讲，不管被指派的工作多么不重要，都应该看成是"使自己向前跨一步"的好机会。推销员每促成一笔交易时，就有资格迈向更高的管理职位。

牧师的每一次布道、教授的每一次演讲、科学家的每一次实验，以及商业主管的每一次开会，都是向前跨一步，更上一层楼的好机会。

有时某些人看似一夜成功，但是如果你仔细看看他们过去的奋斗历史，就知道他们的成功并不是偶然得来的，他们早就投下了无数心血，打好了坚固的基础。那些暴起暴落的人物，声名来得快，去得也快，他们的成功往往只是昙花一现，并没有深厚的根基与雄厚的实力。

请尝试做下面的事情：把你下一个任务（不论看来多么不重要），变成迈向最终目标的一个步骤，并且马上去进行。时时记住下面的问题，用它来评价你做的每一件事。"这件事对我的目标有没有帮助？"如果答案是否定的，就放弃它；如果是肯定的，就要加紧推进。

我们无法一下子成功，只能一步步走向成功。所谓优良的计划，就是自行设定每个月的配额或清单。

富丽堂皇的建筑物都是由一块一块独立的石块建造而成的，可是石块本身并不美观。成功的生活也是如此。

人生因目标而耀眼

古希腊彼得斯说："须有人生的目标，否则精力全属浪费。"

古罗马小塞涅卡说："有些人活着没有任何目标，他们在世间行走，就像河中的一棵小草，他们不是行走，而是随波逐流。"

人生在世，最重要的不是我们所处的位置，而是我们活动的方向。何时、何地以何种方式开始我们的一生，是无法选择的。我们一生下来就处在一种身不由己的环境中，但随着年龄的增长，我们的选择越来越多。

有了目标，内心的力量才会找到方向。

二战期间，从奥斯维辛集中营活下来的人不到5%。据身临其境的犹太裔心理学家弗兰克观察研究，幸存者几乎毫无例外，都是深知生命的积极意义的人。他们顽强地活下来的主要原因就是他们心里都有一个明确的目标——"要做的事还没有做完"、"要活着与爱着的人重逢"等。

弗兰克的一个牢友在那个与死神相伴的环境里，曾绝望地对他说："我对人生没有什么期望了。"

"不是你向人生期待什么，"弗兰克说，"而是生命期待着你！什么是生命？它对每个人来说，是一种追求，是对自己生命的贡献。"

他通过不断地鼓励和分析生命的意义、目的，使那位牢友扭转了悲观的人生态度，重新燃起对生活的渴望。

目标不只是达到终点。

任何目标你都能达到，但这并不一定是你的目的，成就是垫脚石。

所有的成就皆是短期的，因此必须努力不间断地迈向一个永久的目标。

你的目标是超越终点的。它在你的生命之上，它是充满精力的理想、和谐的声音，与你内心的声音共鸣。有生之年，你的行动只是这理想的一部分，这世界将因你天资的表现而耀眼。

一旦你拥有更伟大的理想，拥有能够终身投入的事业时，你就会振奋精神，继而行动，并会因富有创意而生气勃勃。

第十章　行动是成功的基石

> 现实是此岸，理想是彼岸，中间隔着湍急的河流，而行动则是架在川上的桥梁。
> ——克雷洛夫
>
> 生命在于行动，行动才能发挥潜能。行动是最重要的，它能强化我们的观念，而这正是成功的要素之一。

在美国一个小城的广场上，塑着一个老人的铜像，他既不是什么名人，也没有任何辉煌的业绩和惊人的举动。他只是该城一个餐馆端菜送水的服务员。但他对客人无微不至的服务，令人们永生难忘——他是一个聋子！

他只能凭"行动"二字，使平凡的人生永垂不朽！

伊泽德说得真好："只有你的行动，才能决定你的价值。"

当你真正了解到你来人世间的使命，并开始看清自己应该从事的任务时，你追求自我实现和人生终极理想的旅程才将要开始！

如果你曾经想要睁开双眼迎向未来，现在就睁开你的双眼；如果你曾经想要奔向你的人生梦想，现在就去做！

如果你现在不行动，你将永远不会有任何行动。没有任何事情比开始行动、下定决心更有效果。如果你现在不去做，你永远不会有任何进展。

有一个古老的说法是这样的："没有任何想法比这个念头更有力量，那就是——'时候到了！'"就我们的看法而言，创造出天地万物的全能上帝不会毫无缘故地赋予你希望、梦想、野心或创意，除非行动的时机到了！

今天就是行动的那一天！

放手一搏

有许多被动的人平庸一辈子，是因为他们一定要等到每一件事情都百分之百的有利、万无一失以后才做。当然，我们必须追求完美，但是任何事情没有一件绝对或接近完美。等到所有的条件都完美以后才去做，只能永远等下去了。

成功人士并不是在问题发生以前

就能先把它们统统消除，而是一旦发生问题时，有勇气克服种种困难。我们对于一件事情的"完美"必须折中一下，这样才不至于陷入行动以前永远痴痴等待的泥沼中。当然最好是有逢山开洞、遇水架桥的那种大无畏的精神。

当我们决定一件大事时，心里一定会很矛盾，都会面对到底要不要做的困扰。下面是一个年轻人通过审慎的选择，终于大有收获的实例。

杰米是个普通的年轻人，大约20几岁，有太太和小孩，收入并不多。

他们全家住在一间小公寓里，夫妇俩都渴望有一栋自己的新房子。他们希望有较大的活动空间、比较干净的环境、小孩有地方玩，同时也增添一份产业。

买房子的确很难，必须有钱支付分期付款的头款才行。有一天，当杰米签发下个月的房租支票时，突然非常不耐烦，因为房租跟新房子的每月分期付款额差不多。

杰米就跟太太说："下个礼拜我们就去买一栋新房子，你看怎样？"

"你怎么突然想到这个？"太太问，"开玩笑！我们哪有能力！可能连头款都付不起！"

但是杰米已经下定决心："跟我们一样想买一栋新房子的夫妇大约有几十万，其中只有一半能如愿以偿，一定是什么事情才使他们打消了这个念头。我们一定要想办法买一栋房子。

虽然我现在还不知道怎么凑钱，可是一定要想办法。"

第二个礼拜他们真的找到一栋两人都喜欢的房子，朴素大方又实用，总价是1 200美元。现在的问题是如何凑出1 200美元。杰米知道无法从一般银行借到这笔钱，因为这样会妨害他的信用，使他无法获得一项关于销售款项的抵押借款。

可是老天不负苦心人，他突然有了一个灵感，为什么不直接找承包商谈谈，向他私人贷款呢？他真的这么去做了。承包商起先很冷淡，由于他一再坚持，终于同意了。他同意杰米把1200美元的借款按月交还100美元，利息另外计算。

现在杰米要做的是，每个月凑出100美元。夫妇两个想尽办法来节省，一个月可以省下25美元，但还有75美元要另外想办法。

这时杰米又想到另一个点子。第二天早上他直接跟老板解释这件事，他的老板也很高兴他要买房子。

杰米说："T先生（就是老板），你看，为了买房子，我每个月要多嫌75美元才行。我知道，当你认为我值得加薪时一定会加，可是我现在很想多赚一点钱，公司的某些事情可能在周末做更好，你能不能答应我在周末加班呢？有没有这个可能呢？"

老板对于他的诚恳和雄心非常感动，真的找出许多事情让他在周末工作10小时。杰米和太太因此欢欢喜喜

地搬进新房子了。

杰米是怎样一步一步实现他的目标的呢？

一、杰米的决心燃起心灵的火花，因而想出各种办法来完成他的心愿。

二、他的信心因而大增，下一次决定什么大事时会更容易、更顺手。

三、他提高家人的生活水平。如果一直拖延，直到所有的条件都具备时，很可能永远买不起了。

五六年以前，有个很有才气的教授想写一本传记，专门研究"几十年以前一个让人议论纷纷的人物的轶事"。这个主题又有趣又少见，真的很吸引人。这位教授了解得非常多，他的文笔又很生动，这个计划注定会替他赢得很大的成就感、名誉和财富。

然而一年后别人碰到他，无意中提到"你那本书是不是快要大功告成了"。（这一问实在太冒失，真的冒犯了他）老天爷，他根本就没写。他犹豫了一下子，好像正在考虑怎么解释才好。最后终于说他太忙了，还有许多更大的任务要做，因此自然没有时间写了。

他这么辩白，其实就是要把这个计划埋进心里。他找出各种消极的想法，他已经想到了写书多么累人，因此不想找麻烦，事情还没做就已经找到失败的理由了。

具体可行的创意的确很重要，但是请你不要有错误的想法。我们一定要有创造与改善任何事的创意。成功跟那些缺乏创意的人永远无缘。

但是你也不能对这一点有误解。因为光有创意还不够。那种能使你"获得更好更多的生意"或"简化工作步骤"的创意，只有在真正实施时才有价值。

每天都有几千人把自己辛苦得来的新构想取消或埋藏掉，因为他们不敢执行。过了一段时间以后，这些构想又会回来折磨他们。

记住下面的两种想法：第一，切实执行你的创意，以便发挥它的价值。不管创意有多好，除非身体力行，否则永远没有收获。第二，执行时心里要平静。有人说天下最悲哀的一句话就是"我当时真应该那么做却没有那么做"。每天都可以听到有人说："如果我1952年就开始做那笔生意，早就发财了！"或"我早就料到了，我好后悔当时没有做！"一个好创意如果胎死腹中，真的会叫人唏嘘不已，永远不能忘怀。如果真的彻底执行，一定会带来无限的满足感。

你现在已经想到一个好创意了吗？如果有，现在就去做。

为免"万事俱备以后才行动"所引起的重大牺牲，你要事先预料种种困难。因为每一个冒险都会带来许多不测、困难与变化。

当困难发生时，要勇敢地面对现实，绝不能畏缩。成功人士并不是"行动前就解决所有问题"，而是

"遭遇困难时能够想办法克服"。不管进行任何活动，遇到麻烦就要想办法处理，正像遇到桥梁时就跨过去一样自然。

我们无论如何也买不到万无一失的保险。一定要下定决心去实行你的计划。

拖延下去只会空留遗憾

爱默生曾说过："现在，并非是具有决定性的时刻，一切事情都还有改变的余地。但有一点不可忘记，今天是一生中最重要的日子。"

席第先生又代表另一种类型，一个人一定要等到万事俱备以后才去做，结果会怎样呢？

第二次世界大战之后不久，席第先生进入美国邮政局的海关工作。他当初很喜欢自己的工作，但在做了5年之后，才对于工作中的种种限制、固定呆板的上下班时间、微薄的薪水以及靠年资升迁的死板的人事制度（这使他升迁的机会很小）越来越不满。他已经学到许多贸易商所应具备的专业知识，这是他在海关工作耳濡目染的结果。为什么不早一点跳出来，自己做礼品玩具的生意呢？他认识许多贸易商，他们对这一行许多细节的了解不见得比他多。自从他想创业以来，又过了10年，直到今天他仍然规规矩矩地在海关上班。为什么呢？因为他每一次准备放手一搏时，总有一些意外事件使他停止。例如，资金不够、经济不景气、新婴儿的诞生、对于工作的一时留恋、贸易条款的种种限制以及许许多多数不清的借口，这些都是使他一直拖拖拉拉的理由。其实是他自己使自己变成一个"被动的人"。他想等所有的条件都十全十美后再动手。由于事实与理想永远不能配合，所以只好一直拖下去了。

我们总是在无形中浪费生命，不懂得把握现在是一般人的通病。如果你能认识到时光的流逝是无法挽回的，那就自然会鞭策自己，使日子过得更充实。

当然，我们会尽量使自己的每一个今天，都是最美好的。试想，假若能将每个最好的今天累积下来，那么自感空虚的人生，会是如何丰富而有意义。

假如你不懂得把握现在，不将它视为具有决定意义的重要时刻，心想等待明天或后天再努力，结果只有徒然浪费时间。因为明天之后还有明天，你只会在这种惰性的掩饰之下，空虚地度过一生。

我们应该认清，岁月是无情的，不知及时把握今天的人，只会空留遗憾。

行动强化观念

生命在于行动，行动才能发挥潜能。

行动是成功的前提。我们在前面曾提过，成功的动力来自欲望、热情与信念。请切记：行动是最重要的。它能强化我们的信念，而这正是成功的要素之一。

行动可以治疗恐惧感，并且恢复自信。

一个伞兵教练曾说："跳伞本身真的很好玩，让人难受的只是'等待跳伞'的一刹那。使跳伞的人各就各位时，我让他们'尽快'度过这段时间。曾经不止一次，有人因幻想太多'可能发生的事'而晕倒。如果不能鼓励他试跳第二次，他可能永远当不成伞兵了。跳伞的人拖得越久越害怕，就越没有信心。"

"等待"甚至会折磨各种专家，使他们变得神经兮兮。《时代》杂志曾经报道美国最有名的新闻播报员爱德华·慕维先生。他在面对麦克风以前总是满头大汗，一旦开始播报以后，所有的恐惧就都没有了。许多老牌演员也有这种经验，他们都同意，治疗"舞台恐惧症"唯一的良药就是"行动"，立刻进入情况可以解除所有的紧张、恐惧与不安。

行动真的可以治疗恐惧。有一天晚上，史华兹去拜访一个朋友，他5岁的小男孩已经上床半小时了，突然放声大哭。他睡前看了一部科幻片，害怕片中的绿色妖怪闯进来抓他。他父亲的做法很特别。他并不说："不要怕，孩子。没有什么好害怕的，回去睡觉吧。"他反而用一种积极的做法来消除他的恐惧。他装模作样地表演了一阵，然后走到每一个窗户旁边看看关好没有，最后又捡起一把玩具手枪放在儿子枕边说："毕利啊！这把手枪给你以防万一。"小家伙听了很放心，几分钟后就睡着了。

建立你的信心。用行动来消除烦恼。

有一个野心勃勃却没有什么作品的作家说："我的烦恼是，日子过得很快，但却一直写不出像样的东西。

"你看，"他说，"写作是一项很有创造性的工作，要有灵感才行，这样才会提起精神去写，才会有写作的兴趣和热忱。"

说实在的，写作的确需要创造力，但是另一个写出畅销书的作家，他的秘诀是什么呢？

"我用'精神力量'。"他说，"我有许多东西必须按时交稿，因此无论如何不能等到有了灵感之后才去写，那样根本不行。一定要想办法推动自己的精神力量。方法如下：我先定下心来坐好，拿一支铅笔乱画，想到什么就写什么，尽量放松。我的手先开始活动，用不了多久，我还没注意到时，便已经文思泉涌了。

"当然有时候没有乱画也会突然心血来潮。"他继续说，"但这些只能算是'红利'而已，因为大部分的好构想都是在进入正规工作情况以后得来的。"

当你大胆冒险、许下承诺、坚持到底、勇敢迈向未知的领域时，你的信念便会因此而增强，也会有更多成功的机会。如果你知道如何运用直觉与自信，大可不必把自己逼得太紧，不必承担风险，也不必当牛做马，你依然可以功成名就，可以说，行动会为你带来良机。

每天进步一点点

每个人对成功的看法都不一样，成功并非指你要一夜暴富，成功就是每天进步一点点——只要你今天比昨天进步一点点、明天能比今天进步一点点，这样的过程就是成功。

实际上，人生就是一个追求卓越的过程。你知道日本为什么在第二次世界大战中，被原子弹炸得体无完肤，可是在短短几十年之后却一跃成为经济强国？他们成功的原因究竟是什么？

当时日本在二次大战结束后，经济一片萧条，日本企业从美国请来一位管理学博士戴明，他去日本之后就告诉日本人一个观念——每天进步一点点。他说，企业只要能够每天进步一点点，这个企业就一定能够茁壮成长，就这么一个再简单不过的观念被日本采用了。

所以，日本的企业一直都在研究每天进步一点点，服务进步一点点、科技进步一点点，以及哪里还可以更进一步？这个信念造就了松下、本田、三菱的成功，使日本快速成为世界经济强国，这就是后来日本人所说的"改善管理"。因此日本人几乎都不用发明任何新的东西，他们通常都是模仿，模仿别人已经有的东西然后加以改善，就像索尼发明的随身听，虽然他们不是发明收音机的人，但是能够把收音机改进成为随身听，就是凭借这个信念。

现在日本的先进企业评比，最高的荣誉奖是"戴明博士奖"，可见日本人对戴明博士的尊重程度之高。

后来美国福特汽车公司又把戴明博士请回去，他们开始相信他，戴明博士依然告诉福特公司："每天进步一点点！"后来又使福特公司从倒闭边缘变成年营业额超过60亿美金的充满活力的企业。

有一个篮球教练，他也知道这个观念，NBA洛杉矶湖人队以年薪120万美金聘请他来当教练，以便能够帮助他们提升战绩。教练来到球队之后告诉12个球员："可不可以罚球进步一点点、进攻进步一点点、防守进步一点点、投篮进步一点点，每个方面都进步一点点？"球员一想："这么容易，进步一点点当然可以了！"于是湖人队成为NBA总冠军。教练说因为12个球员一年进步5个项目的1%，所以1个球员进步5%，全队进步了60%。

人生也是一样，只要我们每天进步一点点，那么一年就进步365点，持续这样做，持续改善，进一尺是一

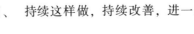

尺，不要只想长传。人生中任何一点点差距都有可能导致在几年后差距十万八千里。每天进步一点点，是我们工作所需要的，也是我们一辈子的事情，这就是我们每天的目标。

行动引发行动

成功开始于心态，成功要有明确的目标，这都没有错，但这只相当于给你的赛车加满了油，弄清了前进的方向和路线，要抵达目的地，还得把车开动起来，并保持足够的动力。

行动才会产生结果。行动是成功的保证。任何伟大的目标、伟大的计划，最终必然落实到行动上。

每一个行动前面都有另一个行动，这是千古不变的自然原理。自然界中没有任何一件事情可以自己行动，即使我们天天要使用的几十种机械设备也离不开这个原理。

你家里的室温是自动控制的，但是你必须先选择（采取行动）温度才行；只有换了挡之后，你的汽车才会自动变速；这个原理同样也适用于我们的心理，先使心理平静安详，才能理顺思想，发挥作用。

有一家推销机构的经理解释，他如何训练推销员熟练地掌握运用"自动反应的方式"工作，因而获得了较大成就。

"每一个推销员都知道，挨户推销时心里的压力很大。"他说，"早上进行的第一次拜访尤其困难，即使资深推销员也有这种困扰。他知道每天多少都会遇到一点难堪，但是仍旧有机会争取到不少生意，所以他早上晚点出去推销没有什么关系。他可以多喝几杯咖啡、在客户附近多徘徊一阵或多做点杂事，来拖延对客户的第一次拜访。"

"我用这种方法训练新人，我对他们解释，开始推销工作的惟一方法就是立刻开始推销。不要犹豫不决，不要顾东顾西，不要拖拖拉拉。你应该这么做：把汽车停好，拿着你的样品箱直接走到客户门口按门铃，微笑地对客户说'早安'，并开始推销。这些都必须像反射作用一样自动进行，根本用不着多想，这样你的工作很快就可以活络起来。在第二次或第三次拜访时，就可以驾轻就熟，你的成绩也会很好。"

永远是你采取了多少行动让你更成功，而不是你知道多少，所有的知识（心态、目标、时间管理）必须化为行动。不管你现在决定做什么事，不管你设定了多少目标，你一定要立刻行动。

现在做，马上就做，是一切成功人士必备的品格。

安心是成功最亲近的敌人

大文豪莎士比亚曾说过："安心，是人类最亲近的敌人。"

安心，是令人陶醉的名词，看似温驯诱人，其实如汹涌的风浪，许多失败都是由其孕育而来的。所以，为了避免陷入最亲近之敌人的陷阱中，在人生旅途一帆风顺时，更需要时刻提醒自己。

即使道路是平坦的，仍旧要本着谨慎小心的原则，因为谁也不敢保证是否会有突如其来的意外，岂可不存防备之心。

莎士比亚是16世纪至17世纪英国文艺复兴时期最有名的剧作家兼诗人。他的《哈姆雷特》及《威尼斯商人》等作品，都是闻名全球的巨著。

这位剧作家不仅笔上功夫了得，在生活中也相当能干。他生为商人之子，小学时，不幸父亲经商失败，于是年幼的他，只好放弃学业，为帮忙家计而出外谋生。18岁时，娶了一位大他8岁的女孩，而这桩婚姻是在无可奈何的情形下促成的，因为她已经怀孕了。由此可知，莎士比亚在年轻时生活就已经相当艰苦了。

后来他流浪到伦敦，先在一个剧团中担任看马工。慢慢地升为戏子，而他也开始了写作生涯，历经人世间的磨炼，终于展露出写作的才华。

当时的英国文人，在成名之后生活都很奢侈豪华，到了晚年往往穷困潦倒。莎士比亚有鉴于此，在他的名声达致巅峰时，就回到故乡购屋置产，从事各种投资，小心地计划未来，并没有因名声大噪而丧失踏实的人生观。

48岁就结束了作家的生涯而隐居乡间，度过了悠闲的晚年时光。

人在顺境中，情绪就会自然地松懈下来，而失败也就由此萌芽。当然，一年到头不断地精神紧张，心理也会受不了这种负荷；但太放松自己，就可能因一时疏忽，而造成终身遗憾。

一个人若没有要求进步的意念，也就等于开始退步了，虽然这种现象不是很明显，但其后果却相当可怕。

精益求精的鞭策力量，是进步的源头。但有些人却屈服在潜意识的惰性下，当他达到某种目标后，就骄矜自满，认为已凌驾于万人之上了。

不错，正当他意气风发时，他的确超越了许多人；然而，当他在某个人生驿站戛然而止时，别人还在不断地冲刺呢！数年之后，这两种人之间的差距，将是令人难以置信的！

所以，即使你现在是某公司的经理、董事，但假若你不兢兢业业，自我充实，那么10年后，也许会被一个从小工友干起的人，击垮你的公司，或者用不着别人来打击你，就自然在社会激进的潮流中垮台。

因此，为了自己，也为了配合这个"百年锐于千载"的时代，在漫漫的人生旅途中，应时时以"百尺竿头，更进一步"作为自己的座右铭。

成功之后就这么结束太可惜，如果把它当做终点，就好像给自己设下了限制似的，也许你还可以做得更多、更好。

据说有人问卓别林："哪一部是你的代表作?"他总是回答:"下一部作品。"

如果只把终点当做终点,就会停滞不前。相比之下,如果能够达成很多目标,人生就会产生更多高潮并拓展你的人际关系,这等于是增加了自己的财产。

财产当然是越多越好。如果能把终点当做起点,当你达成某项目标的瞬间,还有开始走向新目标的瞬间,人生宝贵的瞬间会变成两倍。唯有自己才能提升自己的潜能,你一定要努力跨出新的一步。

今日事,今日毕

"现在"这个词对成功妙用无穷,而"明天"、"下个礼拜"、"以后"、"将来某个时候"或"某一天",往往就是"永远做不到"的同义词。有很多好计划没有实现,就是因为在应该说"我现在就去做,马上开始"的时候,却说"我在将来某一天再去做吧"。

我们用储蓄的例子来说明。人人都认为储蓄是件好事,虽然它很好,却不表示人人都能够依据系统的储蓄计划去做。许多人都想要储蓄,然而只有少数人能真正做到。

这里是一对年轻夫妇的储蓄经过。毕尔先生每个月的收入是 1 000 美元,但是每个月的开销也要 1 000 美元,收支刚好相抵。夫妇俩很想储蓄,但是往往会找些理由使他们无法开始。他们说了好几年:"加薪以后马上开始存钱。"、"分期付款还清以后就要……"、"渡过这次难关以后就要……"、"下个月就要……"、"明年一定要开始存钱。"

最后还是太太珍妮不想再拖下去了,她对毕尔说:"你好好想想看,到底要不要存钱?"毕尔说:"当然要啊!但是现在省不下来呀!"

珍妮这一次下定决心了。她接着说:"我们想要存钱已经想了好几年,由于一直认为省不下,才一直没有储蓄,从现在开始要认为我们可以储蓄。我今天看到一个广告说,如果每个月存下 100 美元,15 年以后就有 1.8 万美元,外加 6600 美元的复利。广告又说'先存钱,再花钱'比'先花钱,再存钱'容易得多。如果你真想储蓄,就把薪水的 10% 存起来,不可移做别用。我们说不定要靠着饼干和牛奶过到月底,只要我们真的那么做,一定可以办到。"

他们为了存钱,起先几个月当然吃尽了苦头,尽量节省,才留出这笔预算,现在他们却觉得"存钱跟花钱一样好玩"。

如果你时时想到"现在",就会完成许多事情;如果常常想"将来有一天"或"将来什么时候",那就一事无成。

我们都很了解大学生是如何准备功课的。例如乔的计划就很好,他打算留一天晚上集中精神看点比较花脑筋的书。但是他是怎么过的呢？请看——

他准备 7 点开始看书，但是晚饭吃得太多，想要看点电视消遣消遣。他本来只想看一点点，谁知节目太精彩，只好继续看完，这时已经过了 1 个小时。8 点的时候刚想坐下看书，又折回来打个电话和女朋友聊聊，花了 40 分钟（他还不至于整天情话绵绵）。这时又接了一个电话花了 20 分钟。当他走向书桌的半路上，忽然看到有人打乒乓球，一时手痒，又打了 1 个小时。打完以后全身是汗，就去冲洗一番。后来有点疲倦，又觉得应该小睡片刻。同时打球跟淋浴下来有点饿，还要吃点消夜。

这个准备用功的晚上很快就过去了，最后在半夜 1 点钟才打开书本，但这时已经看不下去了，只好投降，蒙头大睡。第二天早上他对教授说："我希望再给我一次补考的机会，我真的很用功，为了这次考试，我昨天念到半夜 2 点呢！"

乔的做法很糟糕，因为他浪费的时间太多。像乔那样患有"过度准备狂症"的人，不知道有多少。我们还可以找出很多例子。例如，推销员、主管、工人、家庭主妇等，他们磨蹭了半天以后才想要干点正事。他们经常采用的准备方式包括闲谈、喝咖啡、削铅笔、阅读书报、处理私事、清理文具、看电视以及其他几十种

小事。

有一个方法可以戒掉这个毛病。命令你自己："我现在很好，马上可以动手，再拖下去就完蛋了。我要把所有的时间和精力用在正事上。"

想不想写信给一个朋友？如果想，现在就去写。有没有想到一个对于生意大有帮助的计划？马上就去实行。时时刻刻记着本杰明·富兰克林的话："今天可以做完的事不要拖到明天。"这也就是我们中国俗话所说的："今日事，今日毕。"

毅力要与行动结合

史华兹有一个真正的集顾问、作家、评论家于一身的朋友，他对于"成为名作家，需要哪些条件"提出过自己的看法。

"有很多爱好写作的人，"他说，"对于'想要写作'不太热衷。他们都尝试过一段时间，但在发现写作本身所牵涉的事情又多又杂后，就退出了写作的行列。我个人不太同情他们，因为他们都只是在寻找终端捷径而已，可是现实世界里，哪有这种事。"

"但是，"他继续说，"我并不想暗示'单靠毅力就足够'，因为仅靠毅力显然是不够的。"

"目前我正在跟一个作家一起工作，他写了 62 篇短篇小说，可是一篇也卖不出去。他一直坚持他的理想——当一个名作家。但是他的毛病

是每件作品的基本构架都一样，布局太刻板。他一直没有尝试变化一下。现在我能帮忙的地方，就是要他尝试新的方法与写作技巧。他的天赋倒不错，如果稍微改变一下的话，作品一定可以推销出去。但在他做到以前，只好接受退稿的打击了。"

他的忠告很对。我们要具有毅力与恒心才可能成功，但毅力只是成功的要素之一。我们可能尝试又尝试，却仍然失败，直到将毅力跟行动相互为用，才有可能成功。

一篇关于如何探测石油的文章指出，很多石油公司在钻井之前，都会仔细研究岩层的构造。但是，有石油专家的科学分析：每8口当中总有7口是干井。不过这些公司仍然坚持一定要找到石油。他们的做法是，不要一开始就钻得很深，一发现不可能喷出石油时，就要毅然放弃，另钻一口。

有许多很有雄心的人毅力很坚决，但是由于不曾尝试新做法，所以无法成功。请坚持你的目标，不要犹豫不前。但是也不能太拘泥现状，不知变通。如果你确实感到行不通的话，就尝试另一种方式吧。

那些百折不挠，牢牢掌握住目标的人，都已经具备了成功的要素。一旦你的行动与毅力相互为用时，更容易获得你想要的结果。

告诉自己"总会有别的办法可以办到"。思想好像有传染性似的，当你认为"我失败了。再也想不出什么方法来解决了"，消极的思想立刻会被吸引过来，每一个都使你深信："你想对了，你是彻底失败了。"如果反过来想"总有办法解决这个困难"，各种积极的思想就会迅速进入你的心里，帮你找出解决问题的方法。

相信"总有办法解决"的确是一种很重要的态度。

婚姻顾问一致指出，除非当事人认为可能重修旧好，否则无法挽救破碎的婚姻。心理学家与社工人员也知道，嗜酒如命的人会继续不断地喝下去，除非他相信有办法滴酒不沾。每年都有几千家新公司获准成立，可是5年以后，只有一小部分仍然继续运营。那些半路退出的人会这么说："竞争实在太激烈了，只好退出为妙。"真正的关键在于遭遇障碍时，如果只想到失败，就一定会失败。

当你相信"总有办法解决"时，你的心智会自动将消极性的想法（"离开为妙"、"洗手不干"）变成积极性的想法（"继续做下去"、"休息一下再冲刺"）。

发明大王爱迪生是美国最有毅力的科学家之一。在他发明出电灯泡以前，已经进行过几千次实验。请注意：爱迪生的确在从事各种实验，他想发明电灯泡，因为他能够把这个目标配合实验，才有实现的一天。

坚持并不能保证一定胜利，一旦与行动相互为用，就保证可以成功。

只要一直向前走

托·赫胥黎曾说过："伟大的生活目标不是知识，而是行动。"

有一对夫妇在乡间迷了路，他们发现一位老农夫，于是停下来问："先生，你能否告诉我们，这条路通往何处呢？"老农不假思索地说："孩子，如果你朝着正确的方向前进的话，这条路将通往世界上你想要去的任何地方。"（你可能已经在正确的道路上了，但如果站着不动，你就好像迷路了。）

生命属于勇敢的人，懦弱的人只是麻木不仁地在过活。

懦弱的人一直在犹豫不决，等到他决定好的时候，已经错过那个时机了。懦弱的人只会想要去生活，但从未真正地生活过；想要去爱，但从未真正爱过。这个世界上到处都有懦弱的人，懦弱的人会有一种基本的恐惧，即对于未知的恐惧。他将自己保护在已知的屏障内，那是一个他熟悉的世界。

但是勇气开始于人们跨出已知屏障的时刻，这是很冒险的一步。但如果你冒越多的险，你就会越活生生地存在；越是接受未知给你的挑战，你会变得越整合。灵魂只有在巨大的危险中才会诞生，否则，这个人将只是维持肉体的存在而已。

对千百万人而言，灵魂只是他们成长的一个可能性，而不是他们真实的存在状态。只有少数人——勇于行动的人是充满灵魂的。

请记住罗斯福的一段话："有些人对指正他人的得失十分拿手，对人生的道理也能讲得头头是道，但仅凭一张嘴而没有行动是没有用的。真正的勇敢应该是亲身投入人生的战场，即使脸上沾满灰尘，也会勇敢地奋战下去。遇到挫折或失误时，他会修正自己重新来过，为了达到自己崇高的目标，他会尽最大的努力去争取，即使未达到理想，他也不会丧气，因为他知道勇敢尝试后，即使失败，也远胜于畏首畏尾，原地踏步。"

要成功就要采取行动，因为只有行动才会产生结果，要成功就要知道成功的人都采取什么样的行动。

心动不如行动。

目标再伟大，如果不去落实，永远只能是空想，成功在于意念，更在于行动。成功者的口号是：行动、行动、再行动！

第十章 行动是成功的基石

第十一章　拥有丰富的人生

> 人生在世间的目的，就是要与永恒和谐共存。只有如此，爱与智慧之流才能像穿过明亮的通道一样，在人的身上流过。
>
> ——马洛利
>
> 人类之所以不断设定目标，不断追求，就是为了克服环境、解决问题，为达成目标而努力，没有应克服的障碍、应达成的目标，人活着将找不出真正的满足感和幸福感。

贝利是 20 世纪 20 年代人人皆知的珠宝大盗，他所偷盗的对象，都是有钱有地位的上流人士。不仅如此，他还是位资深的艺术品鉴赏家，所以有"绅士大盗"之称。

终于，贝利在一次偷盗时失手被捕，并被判了 18 年有期徒刑。出狱后，他定居在新格兰的一个小镇，不再犯案，过起了普通人的生活。

闻知这位著名的大盗还健在，全国各地的记者纷纷涌到这个小镇去采访他。他们向他提出各种问题，有一位记者问了一个有趣的问题：

"贝利先生，你曾偷了许多很有钱的人家，但我想知道你偷窃最多的人究竟是谁？"

贝利不假思索地说："这很容易回答，我偷窃最多东西的人就是贝利。我也许能成为一个成功的商人、华尔街的大亨，或是对社会很有贡献的一分子，但是我选择了做小偷，而且还把我生命中 1/4 的时间消耗在监狱中。"

贝利开始醒悟了，因为他知道，如果他曾经善用心像的话，他将走上一条不同的人生道路。

要知道，当我们刚出生时，并未具有确切的潜能，每个人都可能有 1000 种发展方向。因此，我们随时可以选择新生的机会，迎接自我挑战。

同样地，这个世界也并没有既定的发展潜能，全赖我们去塑造。至少，我们必须确认自己的存在价值。这个目标听来似乎遥不可及，而且太不实际，因为我们已经有了先入为主的观念，认为惟有在幻想、不可知的航程中才有希望。我们不能确定将会到达何处，也不知道在哪儿能找到什么宝藏。最要不得的是，我们常抱着"调整现状无妨，而改变现状充其量也不过是一种冒险"的心理。

社会上有种现象非常有趣，那就是要求一些不可知的东西具体化。这使我们不得不做一个选择——在前进、后退，或者是生活于混杂、焦虑和挫折中做出抉择。我们很清楚自己失落了些什么，而我们有必要去寻求解答。尽管明知道这些东西就藏在幻觉中，我们仍然阻止不了成长的脚步；尽管我们在过去的日子里已遍尝失败的滋味、被自己的聪明所误导、深受感情的困扰，但我们终究要成长。在摸索的过程中，很少会有外来力量引导你，而我们所凭借的，就是人类的本能。我们应该对它有信心，相信它能使我们迈向一个完美的人生。

于是我们所面临的挑战就更显而易见了，那就是：使我们的幻想成真。那么，我们该从何处着手呢？

就是现在。我们必须隔绝过去，拥抱现在。我们从最具价值的，也是唯一的本能重新出发，向完整的人格迈进。正如威塞尔所告诫我们的："我们由自己本身出发！"

人生就是一段旅程

生命是一片浩瀚的大海，每个人只是沧海一粟；生命是一段漫长的旅程，每个人只能经历一回。每一分，每一秒，我们都不自觉地向生命旅程的终点接近。某些人的人生之路平坦宽阔，一帆风顺；某些人的人生之路蜿蜒曲折，坎坷难行，然而不管怎样，我们都要走完全程。

生命充满活力，就像一汪活水，水流永远变幻不定。你若能够尽心尽力地生活，就不会畏惧这趟旅程，自然能顺流而下，随遇而安。在风平浪静之处，你也安稳平和；在水流湍急之处，你也奋起振作；随着水道前行，你随之迂回曲折。生命之河一旦发生任何变化，你顺流而下的方式亦有不同。

但你若是紧握着过去不放——期待重温儿时无忧无虑的旧梦，或是执著于已逝的荣耀显赫，那么你就不可能随波而下，只能眼看着流水平白由你眼前流逝，或是徒然逆流挣扎。你对从前的期盼使你无法继续当今顺流而下的旅程。

你是否抗拒顺着生命之流而下的乐趣？或者你在兴奋地期待生命之流带你浏览风光？

俗谚说："流水不腐。"随波而下，你也将因此而前行，否则就成为一潭死水。

人生就是活力之流，每一天，你都可以让强大的活力之流带领你前行。由现在开始，采取行动，让你的心、身和灵都动起来，做一点新的事，和以往不同的，兴奋刺激的，充满挑战性的。你要有所准备：顺着生命之河而下。

你属于哪一类人

现在，请你准备去从事一项行动，它可能在将来的某一天，为你赢得许许多多非常美好、丰硕的果实。

你将学习到各种新奇的方法。这些方法，加上妥善运用你自身所拥有的精神力量，将为你赢得更多美好的事物（包括更多的快乐、更多的爱情、更多的金钱与心灵上更多的宁静）。

在一个人的一生中，了解与运用自身精神中所产生出来的神奇威力，是一件令人着迷的事。如果你了解了怎样才能达到这种崇高的境界，你也会受益无穷。

现在，如果你一切都已经准备好了，那么，我们再继续下面的步骤。

首先，设想有一块很大的饼，被切成5份，每1份大小相同。然后，再设想有5个人坐在这块大饼的旁边，正在享用它。我们把这块大饼称为"生命中的美好事物"（包括快乐、爱情、金钱与心灵的宁静）。这5位围在大饼旁边准备要大快朵颐的人，都具有相同的聪明才智、教育水准及社会背景。

现在请记住，这块大饼正代表着"生命中的美好事物"。我们要做的下一个步骤，就是把这块大饼，设法分给这5个人。以下所言，即是将这块大饼依照"生命中各种美好的事物，以精确的方式来分配"。可能会发生如下的情况：

4个人合起来只分到1/5份的大饼，另1个人则自行享用剩下的4/5。请计算一下，1个人拥有"其他4个人加起来"的4倍，这不是一种很不可思议的现象吗？

这就是史华兹第一定律，请好好记下来：每一件美好事物的80%，都是由20%或低于20%的人所拥有。这个定律，还是一项很保守的估计。让我们来印证一下现实的情况：不管是公司的有价证券，或是一般的房地产，还是各种薪资的报酬，其80%的金额，大部分都是由20%或低于20%的人所占有。

在各种不同的场合，都能够证明这项定律的真实性。例如，科学上80%的重大突破，新的专利发明，极具影响力的书籍，或是伟大的艺术作品，都是由20%或低于20%的人所创造出来的。其他如商品销售的总数量，商业价值的创意，也遵循着这项定律。甚至有关生命的乐趣，爱情的滋润，也是由20%或低于20%的人所拥有。

当我们再度检视这项定律，就会发现，它确实能适用于每一件有形的事物，诸如金钱、股票、房地产，以及事业方面的成就。不过，它是否也能适用于精神上那种无形的"快乐"呢？各种迹象显示，它仍能适用。每5个家庭之中，总有1个家庭能够享受到其他4个家庭所拥有的快乐的总和。所有美好的事物，都是依照这项定律进行分配的。

这项定律，就像万有引力定律一样，是永远不会被撤销的。

现在，我们进行下一个步骤，就是设法了解这项定律的"缘由"，如此才能从中获益。

为什么每5个人之中，就有一个人能够获得那块"大饼"的4/5呢？这样一个特殊的人，到底跟其他4个人有什么区别呢？如果你想要从这块大饼中得到更多的分配量，要如何去做才好？如果你想要成为5个人当中的那位幸运者又要如何去实现？

研究这方面问题的专家指出：如果我们将全国所有的钱财平均分配给每一个人，不出几年，这些钱财仍然会回复到原先的比例，亦即这些钱财还是会维持这项"80－20"的定律。

这项事实，为我们证明了一件事：那位幸运者，一定是跟其他的人有所不同。这样的人，一定是禀赋着某些非常特殊的个性。所以下一个问题是："到底什么是非常特殊的个性呢？"

前述那种相异的现象，我们是否可以用个人的智力，即天赋的思考能力来加以解释呢？如果成功与智力直接相关的话，我们就能很容易地解释"为什么一个人会成功"。但实际上的情形并非如此，成功也不是只跟我们个人的健康或运气（天时、地利、人和）有关。

这种特殊、无形的差异，不是一般简易的说辞（譬如智商、运气、教育或孩提时代受到特殊的照顾等）就能解释清楚的。

换句话说，这种差异，应该从"控制与运用个人的精神力量"方面，去寻找它的脉络缘由。

现在，我们提出两个问题：第一，你是否已经了解这项"80－20"的定律呢？第二，你是否想要加入那些"能拥有80%的美好事物的人"的行列呢？如果你的答案都是"肯定"的话，那么我们可以再继续进行讨论。

为什么你一直都很平凡

我们曾经请教过好几百位非常成功以及极为平凡的人，请他们分别叙述他们个人的生活哲学。我们先来谈那些大多属于平凡的"80%"的人的看法。我们举出一位代表性的人物，就称他为"威利先生"吧，以下是他的目标与理想的扼要叙述：

"我住在一间很普通的房子（附近的房子都差不多）里，每天开着一部很普通的汽车上下班。这部车子里，有我私人附加上去的一些装饰品，这样就显示出和别的车子不同。每隔三四年，我就会换另一部也同样普通的车子。"

"每年夏天，我都会设法带太太和孩子们一起去做为期一周的度假旅游。当我们的经济能力许可时，我们会在银行开立储蓄账户，每个礼拜存入5元美金，获得年率4厘的利息收入。我的钱存放在银行里是绝对安全的，而且将来我会成为那些职员中的'千元富翁'。"

"每隔一个周末，我们会邀请鲍伯夫妇到家里来作客。当然，他们也会礼尚往来，回请我们。"

"我不满意目前的工作，不过它能给我一份薪水收入，满足我一些微不足道的需求。我深知我将不会变成很富有的人，而且我也不想（完全是一派胡言）。我所能做的只是得过且过，一天拖一天，没有远大的目标——毕竟没有人能预知他自己的未来。"

"有钱人都不得不去欺骗别人，而我却没有这种个性。我可能没有家产，但是我活得心安理得，而他们却未必这样。无论如何，我是不会去购买股票的，因为股票市场很可能会行情暴跌从而使我损失惨重。"

"我并不在意我的邻居的生活，但既然我与他们为邻，我也就不得不去迎合他们。我像一般人那样过活，如果我想要标新立异，我的邻居就会嫌弃我，而我是必须得到他们的认同的。"

这就是那些"威利先生们"的想法。他们每天会在固定的时间睡觉，起床，吃相同的午餐，不停地嘀咕，一再地埋怨。每天都沿着相同的路线开车上班，以那种无可奈何的态度和同事打招呼，每天都会到那种肮脏、阴沉的地方吃午餐，然后再工作，下班回家，然后吃晚餐。经过一天无聊、疲惫的生活，他们还会强打精神，到自己的房间里看电视节目，而这些节目，还是他们在一个礼拜以前就已经看过的。

这就是"威利先生们"的生活。请记住：80%的人都是属于这种类型。

现在，我们再回顾那些仅占20%的成功人物的生活哲学。他们都能奋发向上，享受人生，我们称这些人为"查理先生"。

首先，"查理先生"已了解到"人生苦短"的真谛，他不会去冒犯他的邻居，但也不会去注意他的邻居"究竟对他存有何种想法"，因为他所关心的是"我自己在思虑些什么"以及"我自己需要些什么"。

如果"查理先生"的邻居每周要割草坪两次，这不会影响到我们这位"查理先生"原有的计划。"查理先生"认为有必要时，他就会去割他家庭院里的草坪。

"查理先生"待人平等，薪资的报酬也会配合他自己的能力。如果他极力发挥他的才干与能力，他也会期望更多的报酬。总而言之，他认为他能主宰自己的命运。

"查理先生"每年的假期并不是只有一次，有时间就去。"查理先生"和他的家人很少会重复去做同样的事情。同时，"查理先生"的好奇心也相当强烈，他具有科学的实验精神。在心理意识上，他喜欢过一种惊险的生活，做一些特别的、富有刺激性的事情。

　　有一点很重要，"查理先生"并不会烦忧"安全感"、"未来"，或"明天"等问题，他有信心去处理一切面临的困境。他认为"安全感"是从个人的内心衍生出来的，不是依赖外在的凭借。

　　在工作中，"查理先生"每天都要为确保自己的职位与荣誉而不停地努力，他并不害怕有人会超越他而把他挤下台——事实上，他非常乐意有人与他竞争，而他也能从其中得到乐趣。在这一方面，"查理先生"确实是一位能手。他很乐意发挥自己的潜能，但却不屑于去击败那些二流的人物。

　　"查理先生"能够很气派地开着他所喜爱的车子，行动不受干涉。他的家庭美满，能够享受到人生的各种乐趣。他已经学到伟大的哲学家迪斯累利所揭示的格言，那就是："人生苦短，不可荒废。"

　　"查理先生"会极力避免去依照惯例行事。他所做出来的事情不会一成不变，这样就能使自己随时保持活力与干劲。

　　"查理先生"会把自己的眼光放远。他不会使自己生活在佛罗里达州的老人村，目光短浅，无所事事。他会在一定的时间内，完成他所预定的目标。"查理先生"会尽量去争取各种有利的机会，因为他认知到自然界的一切随时都在变化。在他的生命中，已经有一张蓝图，而他也一步一步、很踏实地往前迈进。

　　"查理先生"并不会去关心邻居的薪水收入——他只关心自己到底能赚到多少钱。他的生活哲学，不是抱持那种没有钱一样可以平安过活的态度。

　　"查理先生"会极力避免在各种场合谈及他的老板的私生活，他只关注自己的婚姻状况。

　　以上说明了两种截然不同的生活哲学，也正是彼此的哲学观点不同，才导致了为什么"查理先生"能从生活之中获得4倍于"威利先生"的报酬与享受了。"威利先生"是一位被动者，一位受消极心理因素影响，只能听命行事，收入微薄的小人物；而"查理先生"则是一位潇洒又受人尊重的大人物，一位"力行"的成功者。

　　你可以做一个调查，选定5位你熟识的朋友，看看其中4个人，是否属于"威利先生"那种类型。有80%的人毫无主见，只接受别人的指令行事，他们已经完全地从生活的战场上退却，而自行宣告投降了。

每当事情出了差错，那些"威利先生们"就会埋怨自己的太太（或老板，或员工，或是一些政客）。他们经常将过错推给别人，不考虑到自己也应该负起责任。

然而，那些"查理先生们"就不会这么做。他们的心智已经成熟，能勇于承认自己的过错。也因为如此，他们更能够再成长、再突破，胜任更重的责任，担当更大的职位，享受更美好的生活。

挫折是胜利的影子

你如何看待日复一日侵扰你的问题？你是不是总认为这些问题非常讨厌？但最重要的是：问题越大，解决问题时所能得到的满足感就越强烈。

有创造力的人接受问题，就像欢迎一个能带来更大满足感的良机。下次你碰到一个大问题的时候，请注意自己的反应。如果你拥有自信，就会感觉很好，因为你又获得一个机会来测验自己的创造力；如果觉得不安，切记：你和其他人一样，都能发挥创造力，解决问题，遭遇任何问题，都是激发创意的大好机会。

你也许梦想过一种没有问题的生活，然而，那种生活毫无意义可言。如果有一台万能的机器为你处理一切，你所有的问题就都没有了，但是这个替代方案不会吸引你放弃本来就有些问题的人生。

挫折只是一种心理状态而已，此外什么也不是。

有一个人在股票市场中大有收获，他每一次投资都很谨慎。有一次他说："15年以前我刚刚开始买股票时，曾赔得血本无归。我跟大部分玩股票的人一样，他们想要一夜成为巨富，但是往往得不偿失。不过失败阻挡不了我的兴趣，因为我非常了解经济走势，何况长远看来，股票确实是最好的投资。"

"所以当初的损失只是交学费而已。"他笑着说。

有些人赔了一两次以后，就根本反对买股票了。他们没有想到仔细分析错误的原因，并且用更好的眼光来投资，反而认为买股票是变相的赌博，人人都是"输家"。

现在就下定决心从失败中找出一些值得学习的事物。下次当你在工作或家庭生活中遇到挫折时，先冷静下来，找出真正的原因。

这是避免再次犯错的方法。

如果真的能从失败的教训中，学到很值得学习的事物，失败本身就会是一种很有价值的经验了。

要对你自己做到建设性的"自我苛求"。不要疏忽自己的缺点，要达到专家那种地步。真正的专家随时都会找出自己的错误与弱点，然后马上改正，这是"专家之所以成为专家"的道理。千万不要在找出错误后对自己说："这就是我失败的另一个原因。"

你应该反过来把自己的错误看成能够促使自己更伟大的一种方法或阶梯。

伟大的爱伯特·胡巴德先生有一次说："真正的失败就是犯了大错，却未及时从中汲取有用的经验，因而无法获得好处所致。"

怨天尤人于事无补

我们时常把各种挫折或失败怪罪于运气不好。我们会说："哼！那是命中注定的，正像皮球都会反弹一样。只好听其自然，不要理它。"但是，皮球会不会莫名其妙地自动跳起？皮球的反跳有3个因素：皮球本身的性质，掷出的方式，以及接触面的表面情况。物理上的定律足以解释皮球反跳现象，所以我们当然不能把皮球反跳跟命运联系在一起。

史提芬女士是个杰出的大都会歌剧的红牌演唱家，她曾经在1955年7月号的《读者文摘》上指出，她曾在最不快乐的时刻，受到过最好的忠告。

在她早期的歌唱生涯中，突然丧失原有的大都会歌剧院"空中新秀"的头衔，这使她很痛苦。"我一直希望听到，"她说，"我的歌声比别的女孩要好的评论。那些裁判的评判大体上很不公平，我因而缺少获得胜利的门路。"

但是她的老师却不溺爱她，反而说："亲爱的，你要鼓起勇气面对你的错误。"

"每当我自怨自艾时，"史提芬女士继续说，"这些话就会及时出现，使我重新振作起来。我的老师告诉我这些话的那天晚上，我一直耿耿于怀，睡不着觉，直到终于找出各项缺点为止。我躺在黑暗中一直问我自己：'为什么我会失败？下次应该怎样才会得奖？'我自己也承认，我的歌声不够理想，说话技巧也要改善，同时必须尽量学会饰演各种角色的腔调。"

她又继续谈到她面对错误的态度，不仅帮助她在舞台上获得成功，同时也赢得了更多的朋友，并培养出更亲切、更讨人欢心的好个性。

严于律己是一种建设性的做法，它的确可以帮助你建立获得成功所需的实力与效率。但是苛求他人就是破坏性的做法了。当你在批评别人的错误时，虽然很用劲，却得不到任何收获。

请你按照这个方式改变自己，这将使你更容易成功：随时提醒自己，尽量要求完美，态度要公正客观。好像你把自己放在玻璃试管中，用公正无私的第三者的立场来检查自己的行为，设法找出自己一直没有注意到的缺点。找到后，就马上把它改过来。许多人对于自己的种种坏习惯已经不以为然，所以无法改进。

在人生的旅途中，我们不时会遇到痛苦、艰辛的状况和经历，如果一再重复你所受的伤害或挫折，只会于事无补，因为这样只能使以往的锥心之痛更剧烈，而对你却并无帮助。

当你感到痛苦时，你应该尽所有之力去挖掘存在于你内心深处的乐观信念，把你的精力拿来解决问题，而不是用在无谓的抱怨上。当你改变一切事情并提高生活的意义时，你将发现自己是多么充实有力。

千万不要把失败的责任推给命运，要仔细研究失败的实例。如果你失败了，那么继续学习吧。可能是你的修养或火候还不够的缘故。世界上总有一些人，浑浑噩噩，虚度一生。他们对自己一直平庸的解释不外乎是"运气不好"、"时运不济"、"命运坎坷"、"好运未到"。这些人仍像小孩那样幼稚与不成熟，他们只想要得到别人的同情而已，简直没有任何一点主见。由于他们一直想不通这一点，才一直找不出使他们变得更伟大、更坚强的机会。

马上停止诅咒命运吧，因为诅咒命运的人永远得不到他想要的任何东西。

陷入失败的七种致命伤

对"陷入心理奴隶、成就平凡、枯燥厌烦、挫折抑郁的泥潭而不能自拔"的失败者所做的分析显示：有七项心理上的过错，一定会令人落败。其中任何一项过失都可以用来解释"为什么每5个人之中，就有4个人虽然表面上看起来很卖力、很用心，其

实却蹉跎度日、一事无成"。

过失一：让别人来支配自己的生活。甘心使自己臣服于那些二流人物的种种论调或说法之下，而让他们把自己拖累住。所谓二流的人物总会颐指气使，要你做"你所并不想做的事情"、"你所应该采取的工作方式"、"在私生活中你应该采取的做法或态度"。那些好为人师的先生们、专权跋扈的太太们、骄傲自大的雇主们，以及嚼舌多事的亲戚们，经常都会在不知不觉中，扮演着"想要控制你"的角色。有一种方法，可用来辨别你是否犯了这项过失，那就是分析一下"你最近刚做完的某一项决定"。你到底是选择了"我真正想要的事物"，而没有受到旁人的意见左右呢？或者是，你是否总是根据他人的意愿来做选择呢？

过失二：总是诿过运气不佳而不责备自己。成功的人会自行创造出各种有利于自己的环境，而不是被一般世俗的环境所影响。拿破仑曾说："我会设法创造或改造那些对我有影响的环境。"可惜，大部分的人未能具备这种力量。当他们分析"为什么我在工作岗位上不能有所长进"，或"为什么我无法达成某一项生意"，或"为什么我只能得到很低的评价"，或"为什么别人节节高升，而自己却一直停留在管理金字塔的底层"的时候，他们就不知不觉地寻找代罪羔羊使自己陷入虚伪不实的境地。

过失三：自贬身价，亦即在下意识中，对自己的潜能做了偏低不实的估计。毫无疑问地，这个世界上的失败者，都认为自己的能力不足，认为自己将会在人生竞赛中落败。认为生命中的种种美好璀璨的事物，都是无法掌握、无可企及的。每天都有数以万计的富有原创性的、有价值的主意被人想出来，但是，人们总认为自己脑筋里面想出的东西一定不值钱，别人的创意就非常难得而有价值。一般人都很容易地犯这项过失而不自知。我们总会夸大他人的智力，同时低估自己的智力或实力。

过失四：让恐惧感控制着你生命中的每一个环节。对其他人的恐惧、不敢尝试的恐惧、对未来的恐惧、对自我的恐惧——这些都是恐惧的种种表现。恐惧可以说是导致失败的罪魁祸首。

过失五：无法妥善管理与运用精神力量以成就各种目标。多数人的通病是毫无目的、漫无目标地活着，无拘无束地胡思乱想，而不做有目的又有价值的思考活动。仅有少数人，会把他们想要完成的事项写在纸上。仅有甚少的人拥有想要好好生活下去的意愿。一般人只是未曾事先计划、不知道他们自己现在是在做些什么，甚至不知道自己将要往何处去——就好像是"不带地图去旅游"。这难道不是一件非常可悲的事情吗？结果，他们的头脑无法正常发挥去执行任何一件事情。

过失六：太沉迷于自己，无法真正"有效掌握控制其他人"。成功是需要充分发挥"影响他人的能力"的，当你仅仅想到自己时，你就无法发展出这项能力了。在今天这个复杂的社会中，要有能力去说服别人，使他们认同你的观点，跟你站在同一立场，一起同心协力并肩作战，这样你才能出人头地，获得更高更重大的成就。可惜的是，几乎每一个人多多少少都会反问自己"那跟我又有何干？"（不愿使自己卷入漩涡），而不是"我还能为其他的人再做些什么事情呢？"（既想要帮助别人，同时自行振作，力图有所作为的一种良好意愿）成功的人都知道：如果要有所"收获"的话，就非得先"给予"才行。（亦即要能先默默地辛苦耕耘灌溉，将来才会有开花结果、获得大丰收的一天。）

过失七：无法全心全意、坚信不疑。无法相信"我可能会赢得胜利"、"我可能会获得成功"、"我可以赚到更多的钱"、"我可以拥有更大的影响力"、"我可以获致心灵上的真正宁静"等，都是属于这种过失。几乎每一个人都听说过"信心的力量之大，足可移动出岳"之类的处世哲学（这种哲学类似于我们中国传说中的"愚公移山"，代表着"吾心信其可行，终有成功之日"），但是一般人对这项伟大的智慧都充满了轻蔑之心，只相信世俗的"信心是不管用的"论调。

第十一章　拥有丰富的人生

那些真有成就的人，都会控制本身的思考活动，而不让他人的思想来控制他。

为你的人生负责

责任是一条无形的鞭子。少年时，也许我们在父母的保护下，不曾觉察到它的存在，但当我们有了自立的能力，踏入社会之后，责任就一圈又一圈地裹缠在我们身上，人生的责任是逃也逃不开的。

外界事物的变化，别人的所思所行，都不是我们的责任。我们只为自己的反应负责，这就是我们的态度。我们只替自己负责。

我们主宰自己的生命，控制自己的态度。

只要我们相信可以达到目标，这种态度就能使我们产生力量，而最终到达你想要去的地方。

在人生的路程中，我们的责任只有日益加重，而不会越来越轻！一个人的责任感越重大，他的成就也越大。

有责任的人生是丰富的，每一分、每一秒，我们都可以在无声的工作中，感受到生活的甜蜜和踏实！

活着，就是不断做出各种抉择，塑造我们生命的本质。每一天都充满了许多改变人生的时刻，这些是让我们展现勇气、建立人格的时机。为自己负起责任，那么这个人在世界上扮演的角色，无疑就成为他步步高升的

一项关键特质。

我们每个人都面临着人生的挑战，也面临着种种限制，如果我们真的要出人头地，力争上游，就要接受人生的挑战，突破种种界限真诚地面对自己。花时间想想怎样的生活方式，最能发挥你的天赋、才华、技能与才干。哪一类工作会使你觉得最有意义？你会如何描述真正的你？对有些人而言，这个探索可能要经年累月才会有结果，不过没有别的探索，会比这更能提升并丰富你的人生。

放开思想层面，扩大你人生的可能性。你希望事情发展成什么样子？你认为成功是什么？你最终想开创的是什么事业？你要怎么运用你的时间？你要跟什么样的人共事？你想住在什么地方，过什么样的日子？

此时此刻的你，是过去种种累积导致的结果。未来你要变成什么样的人、发展到什么境界，全看你愿不愿意去调适、改变、学习、成长。力争上游的人，心中有个目标在启发他们，有个远景在激励他们，你再也找不到更有用的东西，比这两者的结合，更能让人在人生与事业上有所成就。

只同自己争胜

对很多人而言，竞争这两个字带来的是负面的意义，它暗示了不诚实的行为或从别人身上取巧，或者根本就是危机信号。了无生趣的字眼如：

激进、愚蠢、粗鄙、诡计等都仿佛和竞争有所关联。我们也常听到这样的话："爬得越高摔得越重！"

但是另一方面，每个人又都喜欢那些在运动、政治、商业或艺术各方面的胜利者，也有很多人通过努力，建立起他个人的风格，也证明了他的成功。

洛杉矶加利福尼亚大学"人的行为实验室"的欧内斯特·范德维格博士及其助手劳伦斯·莫尔豪斯博士所做的研究，证实了竞争和争取成功的重要意义。他们的结论是：在比赛、运动或者任何事情中取得成功，对于人的自尊心和幸福有着深远的积极影响。

他们的研究显示，胜利不仅影响个人目前的生活，也会改变一个人的未来；胜利创造了自信并成就了更高尚的情操；就其本身而言，它是一个礼物，带来认知与赞许的回报。他们还发现幼年时期的竞争是将来成人社会竞争的雏形。另外，竞争的刺激，更可以激发一个人做出极限以外的事情。

莫尔豪斯博士解释："胜利就是表现出你最好的一面，除非有一个机会可以让你表现技巧、发展潜能，除非全心全意去做事，否则你不会感到快乐的。人们有胜利的需要，也有测验自己能力的需要。"

由以上论点看来，我们有必要竞争，竞争会帮助你激发潜能，早日实现梦想。但是我们必须注意，竞争并非要你从他人身上取巧或刻意和他人比较。事实上，竞争，可以使你从努力中获得更丰富的体验，也能激发自己的社会意识并去关心别人。

人类之所以不断设定目标，不断追求，就是为了克服环境、解决问题，为达成目标而努力，没有应克服的障碍、应达成的目标，人活着将找不出真正的满足感和幸福感。所以，认为人生不再有生存价值的人，很可能是已失去了值得追求和努力的目标。

大部分人在遭受打击、失败之后，就忘了个人的存在价值与必须完成的事。他们开始嫉妒工作伙伴、邻居；他们已不接受自己的好与优秀，反而指责自己；他们和别人比较，更觉出自己的失败，于是越加颓废。

如果你更肯定及支持自己，你就会有一个更强烈的自我形象，你对胜利的观念将更明晰，并能在自我意识中增加关心他人的意念。你的自我肯定使自信心加强，因此能接受更多的竞争而不受摧毁。

胜利者知道，成功的顶端是无限辽阔的，他在竞争中获胜，他也把胜利的天空让给别人，由于他只和自己竞争，因此没有仇敌，一起和他在胜利的高空中翱翔的人都是他的朋友。所以，我们得到的结论是：竞争是好现象，它鞭策你，激发你的潜能，当你和自己竞争时，亦能不断地超越自我。

当我们受到惊吓，感到不知所措或者劳累不堪时，很多人都容易忘掉自身的价值和个人的成就，而去嫉妒他人。我们由于从内心深处感到失望，所以忘记了自己也有价值和取得成功的条件。我们否认了自己的优点和长处，而高估了别人。我们过于苛刻地判断自己，消极地把自己与别人相比。由于过分地自责，所以感到自己不行，贬低了自身的价值。

如果我们能够积极一些，对自己采取比较肯定的态度，就会对自己有一个比较好的看法。那么，我们就会给予别人较多的实际关心。于是，关于成功的定义就包括了这样的内容：用尽全部力量，富于竞争精神，满腔热情地爱别人，同时发挥自己最大的才能，尽最大的努力把事情做好。

成功者努力对竞争持一种厚道的态度。因为他知道自己有出头拔尖的机会，而别人也有机会成为成功者。成功者主要同自己争胜，所以不在自己取得成功的过程中对别人抱敌视和不友好的态度，也不去贬损别人。

在工作环境和社会环境中，常常突出地表现出心胸狭窄和怀恨结怨，设法给别人"出难题"，这些都是令人厌恶的行事方式。更糟糕的是，这种行事方式是消极的和无济于事的，会使你忙于应付，没有时间去取得成功。

如果你愿意承认自己的过错，而不采取惩罚自己的态度，那么，你是能够改正的。而且，承认自己具有人类的弱点，对自己宽厚一些，就会觉得自己充满了力量。

在考虑问题时，要想得长远一些，不要设法靠利用别人或欺骗别人去获取一时的胜利，也不要靠别人的力量出自己的风头，更不要靠背后捣鬼去谋取利益。要记住自己是有高度自尊心的人，不要为一时的利益而败坏自己的价值和自尊。

掌握自己的人生

你必须懂得掌控偶发的事件、工作的安排和对时间的运用。而这些指向一个凌驾一切的原则：你必须掌握自己的人生。

你必须控制整个命运，没有任何人可以让成功发生在你身上。成功并非依靠命中注定、运气或星座的轨道，也并非依靠他人一时兴致而得来，成功更不是依靠造物者的施舍。

"想成为什么"、"想做什么"、"想拥有什么"是你人生中循序渐进的三个步骤。

先在自己身上投资，你这个人才是你最大的资产。你的态度、智慧、知识、才华、经验及技能，这些都是你达成目标的原料。而且成为什么样的人会直接影响你可以拥有什么。

要成为你想成为的人，就从你的习性、情感、理想生活、人际关系，以及你认为最成功的精神生活开始。

将你的目标首先设定为成为什么样的人，然后开始努力成为那种人。

借由你想成为什么样的人这个目标，你会发觉自己在努力的过程中，会展现出你以前所不知的长处、精力及想法。然后，当你在习性及思想上达到预定目标的时候，你就会以最勤奋的精神，运用你的能力及创意，尽全力去做那件事情。

当你依照这个程序持续一段时间之后，你就会获得成功及回馈，最终，你将拥有所有你想要的东西，甚至更多。

有个讲述一个人在贫困中成长的故事。像大多数人一样，他最想拥有的东西是汽车与洋房，但他是个有高度原则及独特价值观的人，他决心做个有信仰的人，将自己奉献给教会，并且把握每一个机会努力工作。他非常喜欢传教的工作，而且无论他赚了多少钱，他都会捐出一部分所得给海外的传教士。

多年前，这个人已经攀上巅峰，拥有庞大的事业及财富，他是少数能这么成功的人士之一。但他对自己说："我实在管理不了这么多的资产，我的这些汽车、洋房都需要照顾。"于是他将他认为多余的汽车、洋房分给他的儿女，只留下3栋房子和4辆汽车给自己和妻子。然后他又决定将自己的事业交给子女们打理，而他自己则致力于一件他梦寐以求的工作——教书。

你知道吗？这个有多年工作经验，并拥有强烈人格特质的人，已经不知道怎样才能把事情做得不完美了！在他任教快满一年的时候，学校允许他教任何科目，指导任何研究小组。所以接下来的一年，他推展了一连串非常成功的研究。第二年，学校用公费让他到国外其他的大学开设企业管理的研究课程。他所到之处，每个大学都会提供1栋房子、2辆车子供他和他的妻子使用。

他说："我似乎无法避免拥有一大堆房子和车子，但至少现在我不必再花心思去保养它们了。"

从这个故事中你可以知道，当你把时间、精力投资在"想成为什么"，自己找到定位后，再全力投入"想做什么"，那么最后"你会拥有什么"便自然会出现。

你必须自己掌控指针盘，将手放在控制杆上，坐上主控座，然后开始飞向你要前进的人生方向。

只有当你拟定未来的方向时，你才可能变成具有生产力的人。你是不是富于生产力依赖于你的意愿和抉择。

让每一个今天都成为你生命中最富足的日子。专注于你的目标，限定范围，选择有效益的项目进行。

没有人能够控制这个社会和未来，但我们每个人却能决定自己的命运、自己的生活和自己想要的幸福。

成为人生的赢家

永远只走自己的路

如果能先了解自己，你就能选择自己的生活。

你，

是什么？

会什么？有什么？

想要什么？能够做什么？

了解自己是人生的第一课！

一个人的大脑是他成功的关键，这对于人的一生是多么重要啊！

但当今世上亿万人中，有多少人真正了解自己的大脑？了解自己脑中的那个"我"？全然了解自己，就会知道自己有什么条件，知道什么是自己的真爱。于是他就会随着自己脑中熊熊的烈火前进！

热切地实践愿望，就是走在通往天堂的路上。

漫无目标，浑浑噩噩地度日，就是在承受地狱之火的煎熬。

有一个人长得很普通，出身也很平常，只是个养猪户的儿子。他写了一本书《影响力的本质》，在 1936 年出版时，光在美国就卖出 1500 万本。之后，大家开始注意这个人了。他的名字叫戴尔·卡耐基。从 1912 年起，他开办公众演说及人际关系的课程，一直到今天，卡耐基的课程已经成为世界性的训练课程。许多朋友在学习之后，纷纷表示受益匪浅，值得推崇。据说卡耐基是一个很能认清自我的人，

他尝试过不少工作，最后决定集结一生的阅历开一套课程，并且不断研究新方法来改进课程。从 14 周的学习课程中能学到一个人穷尽毕生之力研究改进的精华，难怪人们要为他鼓掌了。

认识自己，扮演自己，实践自己，即是天堂；不认识自己，想扮演别人即是地狱。无知，会让你痛苦地走一辈子冤枉路；自知，是人生的第一步！人生的目的是什么也"无"！只是尽情地做自己。

大部分人，走到人生的中途，回过头来才发现他走过的路大都不是自己想走的。

每一个脚印，都是因为外在对他的期望所修正的。这些修正他脚印的力量，一部分来自父母、师长，另一部分来自内心自以为的那个自己。而内心自以为的那个自己，其实并非真实的自己，而是外在社会所反映出的虚幻的形象而已。

人们自己以为那个幻影就是自己，因而尽其一生刻苦、努力地朝那个目标走去。真到走到近前，也走得疲倦了，才痛苦地发现那并不是真实的自己。什么才是起初的自己？鸟每天自由地飞翔，鱼无时无刻不来回在溪中潜游，它们从来不需要抉择、考虑，因为它们从来都知道"什么是真正的我"。知道了之后，从此一生都不需要抉择，因为它们知道自己要做什么！

杯子知道自己的功能就是装水、装酒或装咖啡，于是它自在地端坐桌

子的一角，无事于心地过着日子。让自己去容纳别人天经地义，所以它一生都过得沉稳自在。

人本来非常清楚哪一条路适合自己，但由于利益、名誉、权力，他站在人生的十字路口徘徊犹豫，往哪里走？利益很多之路？适合自己之路？地位崇高之路？

明白的人永远只走自己的路，绝不会让别的路影响自己。

享受生命之旅

我们衷心地希望，当你读到这里时，已经准备要对别人说出以下的话："我真想奋发向上，跨出第一步，力求有所突破，同时还想要大干一场呢。我真想寻找更多的快乐与欢愉，我真想享受美好璀璨、多彩多姿的人生，我真想获得我所真正想要追求的成功。"如果你已经准备好要做出这番承诺，那么请你马上去进行吧！

以下是史华兹博士经常玩的一项小游戏，当他正对某一群小团体发表"劝人为善、与人为善"的诱导式谈话时，他常常会突然选出一位外表爽快的人，问他："这位先生，我要问你一个问题，而且你必须在3秒钟内回答我，现在你准备好了吗？"（他之所以坚持3秒钟，是因为他想要采用"即时意见调查法"，好让被问的人没有余暇多加思索，3秒钟是一般人思考反应的标准时间。）

"先生，"史华兹继续说，"几分钟以前有一个婴孩刚刚才在邻近的一家医院出生。现在，在我数到3以前，请你告诉我，你认为'那位婴孩活在世上的估计生存日数'是多少？"

他所能得到的最常见的反应就是："我从来没想到过这种事，但是我猜，大约是10万天吧！"

史华兹时常举这个例子来说明"大部分的人对生命本身是怎样地不屑一顾"，正确的答案是接近25 500天（相当于70年的光阴）。可是大部分人——即使是具有多年使用计算经验的工程师，都会把它猜成是10万天。这种出入真是不可思议。

一个人的生命平均起来确实是仅有25500天而已，可见生命真可说是极为有限的。

生命只有一次，因此你必须好好把握！

死亡本身并不是一件悲惨的事情，每一个人迟早会碰到。死亡正像出生一样，只不过是自然界无数已经计划好了的事情之一。但是令人悲哀的是：大部分人终其一生都未真正享受这一趟人生之旅。

大部分人都把他们一生中最宝贵的时刻用来挣扎图存，以便果腹充饥，维持最低限度的养家糊口，哪里还能够很爽快、很舒服地大大享受一番呢？大部分人都像懦夫一般，既可恨又可怜，他们也会有许多梦想，但是都眼睁睁地看着这些梦想"逐渐凋零，转

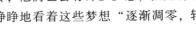

第十一章　拥有丰富的人生

眼成空"。

生命的过程是有配额限制、毫无通融伸缩的余地的。所以，从现在开始，就要以正确的生活态度好好地活下去。

因此，勿将自己的命运流于表面，勿因命运的不公而自暴自弃。命运虽是与生俱来的，但物质与精神，以及如何走完将来的路途却掌握在你自己的手中。

切勿自认命运差便生活得无精打采，应深信：勤奋地工作是可以扭转命运的。为了扭转命运，首先要爱你的命运，莫以被动的姿态接纳命运。当你拼尽全力，并大有收获而高高在上时，你的人生至此已达到高峰，你可以尽情地享受人生了。

坚持自己的信念，深信命运可凭一己之力改造，要生活得有意义，爱自己的命运就是第一步。

要以主动而积极的态度去爱自己的命运，正视自己的生活，找出生活中的缺失并加以修正和改进，继而奋发向上。如此经过一段时日，命运自然会开始为你铺设愉快而明晰的生之旅途。

当你有信心掌握自己的命运，充满信心地面对未来时，你的成功将永无止境。